ZHONGDENGZHIYEXUEXIAODIANZILEIZHUANYEGUIHUAJIAOCAI

中等职业学校电子类专业规划教材

总主编：林安全 周彬

DANPIANJIYUANLIYUSHIXUN

单片机原理与实训

主　编：康　亚

副主编：刘　军　肖杨生　甘洪敬

参　编：马晓芳　邱堂清　刘　军　吴　静
　　　　马　英

国家一级出版社　全国百佳图书出版单位

西南师范大学出版社

内容简介

本书以最新的教学大纲为依据,采用职业教育中项目教学的理念,以项目教学的形式编写,主要包括单片机硬件结构的认识、单片机输入/输出控制技术、定时器与中断系统的应用、单片机综合应用、串行通信和新型的单总线器件的应用共 8 个项目.本书行文使用贴近学生的语言习惯,项目任务选取与生活联系紧密的实例,每个项目后配有实践作业报告和详细的评价表,可操作性强.

图书在版编目(CIP)数据

单片机原理与实训/康亚主编.—重庆:西南师
范大学出版社,2010.6
中等职业学校电子类专业规划教材
ISBN 978-7-5621-4911-8

Ⅰ.①单… Ⅱ.①康… Ⅲ.①单片微型计算机—专业
学校—教材 Ⅳ.①TP368.1

中国版本图书馆 CIP 数据核字(2010)第 080097 号

单片机原理与实训

总 主 编:林安全　周　彬
本册主编:康　亚

出 版 人:周安平
策　划:刘春卉　杨景罡
责任编辑:胡秀英
封面设计:戴永曦
责任照排:文明清
出版发行:西南师范大学出版社
　　　　(重庆·北碚　邮编:400715
　　　　网址:www. xscbs. com)
印　刷:重庆市圣立印刷有限公司
开　本:787 mm×1092 mm　1/16
印　张:11
字　数:296 千字
版　次:2010 年 7 月第 1 版
印　次:2010 年 7 月第 1 次
书　号:978-7-5621-4911-8
定　价:21.50 元

尊敬的读者,感谢您使用西师版教材!如对本书有任何建议或要求,请发送邮件至 xszjfs@126.com.

序言

随着国家的高度重视,中等职业教育进入了发展的快车道,从规模上讲,已占高中阶段教育的50％,普、职基本相当.中等职业教育的发展已经从增加规模进入到提高教育质量,走内涵发展道路的阶段.

内涵发展要求中等职业教育培养的人才要适应岗位的新要求,要进一步增强主动服务经济社会发展的能力.《国家中长期教育改革和发展规划纲要(2010～2020年)》中对职业教育提出了明确要求,要"大力发展职业教育"、"把提高质量作为重点,以服务为宗旨,以就业为导向,推进教育教学改革."2010年3月颁布的《中等职业学校专业目录(2010年修订)》强调中等职业教育要服务于国家经济社会发展和科技进步,服务于行业、企业对人才的需求和学生就业创业,服务于职业生涯发展和终身学习;强调五个对接,即专业与产业、企业、岗位对接,专业课程内容与职业标准对接,教学过程与生产过程对接,学历证书与职业资格证书对接,职业教育与终身学习对接,努力构建与产业结构、职业岗位对接的专业体系.教职成〔2008〕8号《教育部关于进一步深化中等职业教育教学改革的若干意见》中强调改革教学内容、教学方法,增强学生就业和创业能力,深化课程改革,努力形成以就业为导向的课程体系;推动中等职业学校教学从学科本位向能力本位转变,以培养学生的职业能力为导向,调整课程结构,合理确定各类课程的学时比例,规范教学;积极推进多种模式的课程改革,促进课程内容综合化、模块化,提高现代信息技术在教育教学中的应用水平.

教职成〔2009〕2号《教育部关于制定中等职业学校教学计划的原则意见》中强调坚持"做中学、做中教",突出职业教育特色,高度重视实践和实训教学环节,强化学生的实践能力和职业技能培养,提高学生的实际动手能力.

在这样的新形势新要求下,我们组织了重庆市及周边部分省市长期从事中职教育教材研究及开发的专家、教学第一线中具有丰富教学经验的教学骨干、西南大学专家,共同组成开发小组,编写了这套具有中国特色的、与时俱进的中等职业教育电子类专业系列教材.

本系列教材具有以下特点:

1.吸收了德国"双元制"、"行动导向"理论以及澳大利亚的"行业标准"理论,并与我国实际情况相结合.

2.坚持突出"双基"的原则,保证学生基本知识和基本技能过硬,为学生的终身学习和发展打下基础.

3. 坚持"浅、用、新"的原则，充分考虑中职学生的接受能力，一切从实际出发，突出"实用、够用"，同时体现新知识、新技术、新工艺、新方法．

4. 以岗位需求和职业能力为依据，突出就业导向和能力本位原则，既培养学生的专业理论素养，提高学生专业技能，又对学生进行职业意识培养和职业道德教育，提高学生的综合素质与职业能力，增强学生适应职业变化的能力，为学生职业生涯的发展奠定基础．

5. 采用一体化教学模式，理论和实训单轨进行，使理论教学和实践教学能够有机结合，实施"做中学、学中做"，"学做一体化"，便于在"技能教室"上课和实施"技能打包教学"．

6. 采用项目和任务体系进行编写，便于实施模块化学习和任务驱动学习，能够提高学生学习兴趣，提高学习效果．

7. 在学生的学业评价上，本系列教材采用了全国教育科学"十一五"规划教育部重点课题《中职学校学生学业评价方法及机制研究》（课题编号 GJA080021）的研究成果之一《学生专业课学习评价工具》，使评价科学合理，能够发挥学业评价激励和导向作用．

8. 内容呈现上，采用了大量的图形、表格，图文并茂、语言简洁流畅，增强了教材的趣味性和启发性，使学生愿读易懂．

9. 本系列教材配有教学资源包，有电子教学大纲和课件，为教师教学带来方便．

该系列教材的开发，是在《国家中长期教育改革和发展规划纲要（2010～2020 年）》颁布的大背景下，在国家新一轮课程改革的大框架下进行的，在较大范围内征求了同行和专家的意见，是一套适应改革发展的好教材．限于我们的能力，敬请同行们在使用中提出宝贵意见．

前言

单片机技术广泛应用于我们的生产生活中.从工厂的自动化控制,医疗仪器,到我们使用的智能化家用电器、高档玩具,都有着单片机的身影.近年来,单片机技术也引起了中等职业教育工作者的高度重视,成为电类专业的重要课程,在全国职业院校技能大赛中有专门的单片机竞赛项目.

但是,从事单片机教学工作的教师都有体会,单片机是一门教师难教,学生难学的"两难"课程.学生难学的主要原因在于大篇幅的指令程序和枯燥艰深的书面语言.我们编写这本书的主要目的在于降低单片机学习的门槛,让中职学生轻松入门.

全书电路均采用模块化设计,可以通过不同模块搭积木的方式实现不同的功能.有实验设备的学校,可以在原有设备基础上实现硬件连接;无实验设备的学校,可以根据书中的电路制作模块.各个项目均包含硬件制作、软件调试全过程,不单独讲述指令、程序以及中断、定时器等内容;项目均配有详细的电路、流程图、程序;课后有理论、实践作业报告和详细的评价表.全书集教材、作业本、实验报告册于一体,便于学生和教师使用.

全书设置八个项目.其中项目一至项目四作为必学内容;项目五至项目八为选学项目.建议学时如下:

项目名称	任务名称	建议学时
项目一:单片机的使用	认识单片机	4
	使用单片机	4
项目二:让单片机起舞	流水灯控制	4
	LED 数码管控制	6
	直流电机的控制	4
项目三:电机控制器	键控直流电机	4
	步进电机控制器	4
项目四:电子时钟	键控流水灯	4
	定时器	4
	带数显的数字钟	6
*项目五:音乐播放器	单片机控制扬声器发声	4
	音乐程序编写	6

项目名称	任务名称	建议学时
*项目六:交通灯	简易红绿灯	4
	带数显的交通灯	4
	无障碍智能交通系统	6
*项目七:数显温度计	认识单总线温度传感器 DS18B20	4
	数字显示温度计	4
*项目八:串行通信	单片机串行通信	4
	自动排队机	4

　　本书项目一、项目二由重庆市工业学校康亚编写;项目三由重庆永川机电校肖杨生编写;项目四由重庆永川机电校马晓芳编写;项目五由重庆科能高级技工学校邱堂清编写;项目六由重庆永川职业教育中心甘洪敬编写;项目七由重庆科能高级技工学校刘军编写;项目八由重庆市工业学校吴静编写;重庆市立信职业教育中心马英参与了大纲和附录的编写.北碚职教中心周彬老师在繁重的工作之余认真审阅了本书,并提出了详细的修改意见.在此向参与教材编写的学校和老师一并致谢.

　　本书的编写人员均本着严谨的态度参与编写工作,但由于经验和时间的关系难免出现疏漏,请广大师生予以指正.

目录 D_Z

MULU

项目一 单片机的使用

本项目将带领大家去认识单片机,学习单片机的使用.项目以微波炉为例讲解单片机的控制作用,通过制作单片机主机模块并进行程序的下载来学习单片机的使用.

本项目学习目标

项目知识目标

知道单片机的作用,认识单片机的外形与内部组成.

项目技能目标

制作单片机的主机模块,能完成程序的编写和下载.

任务一 认识单片机

一、任务描述

1. 情景导入

洗衣机、空调、微波炉等产品已普遍进入我们的日常生活.你是否想过,洗衣机为什么能完成全自动的洗衣过程?夏季空调为什么能根据环境温度制冷?微波炉为什么能根据设定的时间和火力加热物品?原因就在于它们都拥有一个大脑——单片机.我们现在就来解答这个问题.

2. 任务目标

通过本次任务的完成,认识单片机的控制作用,认识单片机的外形与内部组成.

二、任务实施

★ 活动一 发现单片机的作用

让我们通过下面的小例子来认识一下陌生的单片机.图 1-1 是一个四路抢答器的示意图.

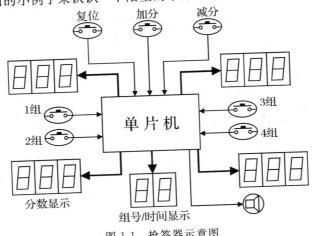

图 1-1 抢答器示意图

我们在电视上的知识竞赛中见到过抢答器,甚至有人亲自参加过知识抢答赛,对抢答器的工作比较熟悉:

①当比赛主持人按下"复位"按钮,扬声器声音提示,"组号/时间"显示器上出现抢答倒计时,各组进行抢答;

②当其中一组抢答成功,"组号/时间"显示器上显示组号,扬声器声音提示;

③答题完毕,主持人按下"加/减分"按钮,各组的"分数显示"出现当前分值,扬声器声音提示;

④主持人按下"复位"按钮,进入新一轮抢答.

从图 1-1 可以看出,单片机接受各种按钮发出的信息,并根据按钮代表的功能控制显示器显示、扬声器发声.看看表 1-1,你会发现单片机就像人一样在指挥抢答器工作.

表 1-1　人与单片机工作对比

工作任务	实施部件	
	人	单片机
了解外界信息	眼、耳等感觉器官	按钮、传感器等元件
对外界信息进行处理	大脑	单片机
处理依据	思想(在人的大脑中)	程序(在单片机的存储器中)
执行处理结果	口、手、脚等	显示器、扬声器等

★ 活动二　议一议

洗衣机是我们生活中常用的电器,它的体内也有一块单片机在控制,你能大概说一说洗衣机的工作吗?

★ 活动三　学一学

单片机是单片微型计算机的简称.它在一块芯片上集成了 CPU、数据存储器(RAM)、程序存储器(ROM)、定时/计数器和 I/O 接口等.图 1-2 是 MCS-51 系列单片机的结构方框图.

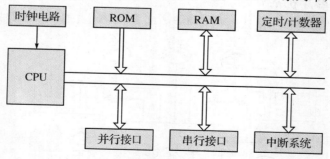

图 1-2　单片机基本结构

单片机诞生于 20 世纪 70 年代,应用最广泛的是 Intel 公司推出的 MCS-51 系列单片机.Intel 公司将 MCS-51 单片机内核技术授权给 Atmel、Philips 等公司,使单片机技术得到巨大飞跃.本书选择 Atmel 公司推出的 AT89S52 进行讲解.

1. 认识单片机的外形

首先,我们来看一下单片机的外形.图 1-3 是 AT89S52 单片机的封装图.

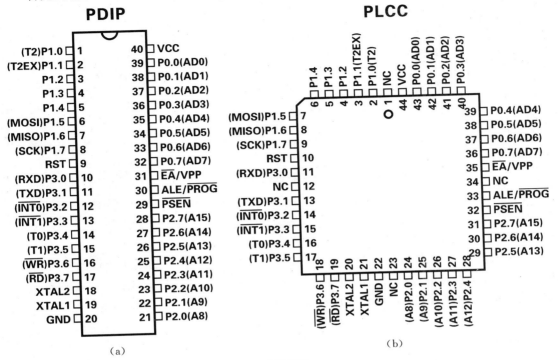

(a)

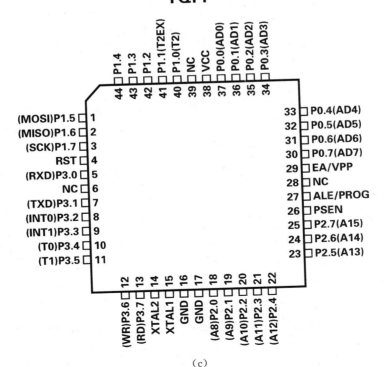

(c)

图 1-3　AT89S52 引脚与封装

AT89S52 有 PDIP(塑料双列直插)、PLCC(带引线的塑料芯片封装)、TQFP(薄四方扁平封装)三种封装. 我们选择 40 引脚的 PDIP 封装.

40 个引脚! 看上去很多,也很让人生畏,可是,学起来很轻松!

先认识一下维系单片机工作的 6 个关键引脚,它们就在表 1-2 里.

表 1-2　单片机关键引脚(PDIP)

引脚号	引脚名	功能	使用方法
40	VCC	电源(+)	外接直流稳压电源 4.0～5.5 V.
20	GND	电源(一)	
9	RST	复位信号输入	外接电路,产生持续一段时间的高电平,使单片机复位(回到初始状态)
18、19	XTAL2、XTAL1	时钟引脚	外接电路,产生单片机工作必需的时钟信号(触发脉冲).
31	$\overline{EA}$	外部程序存储器访问允许	$\overline{EA}$接 GND,单片机只使用扩展的程序存储器. $\overline{EA}$接 VCC,单片机先使用内部程序存储器.

按照表 1-2 给单片机接上信号,单片机就能工作了!

再来认识一下 P0. X、P1. X、P2. X、P3. X 共 32 个引脚. 这些引脚是单片机的接口线,用来连接表 1-1 中的按钮、显示器、扬声器等设备. 怎么接? 项目二中会介绍,先不要心急.

剩下的 ALE、$\overline{PSEN}$等引脚和扩展相关,我们暂时不介绍.

好,40 个引脚学习完成!

2. 认识单片机的存储器

在表 1-1 中我们看到,人的工作是以大脑中的思想为依据,单片机的工作则是以存储器中的程序为依据. 程序是什么? 程序就是做一件工作的方法,它存放在存储器中. 现在就让我们进入单片机的内部去了解存储器. 先看看图 1-4 所示的存储器分布图.

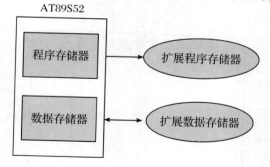

图 1-4　存储器分布图

程序存储器存放程序和需要保持的表格、数据,数据存储器存放运算中的临时性数据,AT89S52 中两种存储器都有. 当你觉得存储器不够时,还可以在单片机外部再扩展存储器,称为外部存储器.

存储器为什么能存东西? 这个问题很复杂,图 1-5 所示的存储器模型才是我们要关心的. 存储器就像一栋学生宿舍楼,里边有很多间寝室(学名:单元),每间寝室有门牌号码(学名:地址),寝室里边住着 8 位同学(其实是 8 位二进制数).

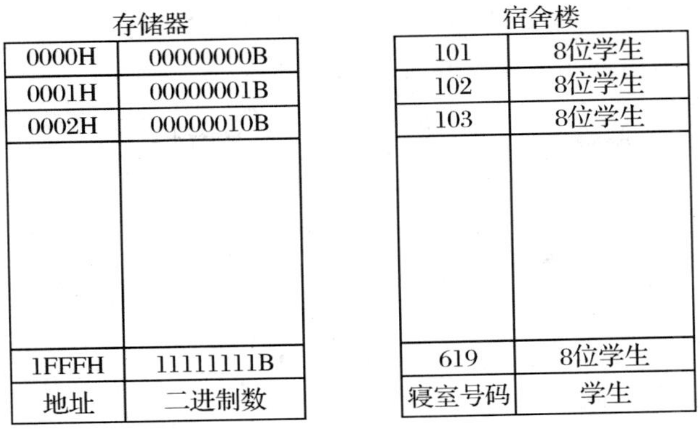

存储器
0000H
00000000B
0001H
00000001B
0002H
00000010B
1FFFH
11111111B
地址
二进制数
宿舍楼
101
8位学生
102
8位学生
103
8位学生
619
8位学生
寝室号码
学生

图 1-5 存储器模型

让我们先来学习程序存储器(ROM).

AT89S52 单片机的程序存储器地址分配如图 1-6 所示.如果你想从单片机内部开始使用 ROM,就让引脚$\overline{EA}$=1(接到+5 V);如果想直接使用外部 ROM,就让$\overline{EA}$=0(接到 GND),内部的 ROM 就不使用.由于 AT89S52 的内部 ROM 有 8 K 单元,足够存放一般的控制程序,无须扩展外部 ROM.因此,在实际使用中引脚$\overline{EA}$接到+5 V,使用内部 ROM 存放程序.

FFFFH
外部ROM
2000H
1FFFH
内部ROM
0001H
0000H
EA=1
FFFFH
外部ROM
0001H
0000H
EA=0

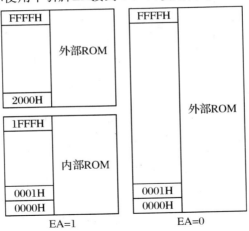

图 1-6 程序存储器地址分配

现在学习数据存储器(RAM).AT89S52 单片机的数据存储器地址分配如图 1-7 所示.

FFH
内部ROM
01H
00H
FFFFH
外部ROM
0001H
0000H

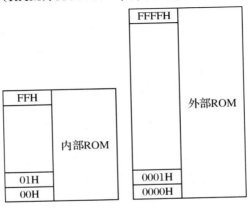

图 1-7 数据存储器地址分配

在普通的控制中很少进行数据存储器扩展,我们在编写程序时经常使用内部 RAM 的单元存放临时数据,所以下面我们将目光放到内部 RAM. 图 1-8 为内部 RAM 的分区图,它的各区使用各有特色.

工作寄存器区:使用时只需写出 R0～R7 中任意一个的名字就可以,例如,R6.

位寻址区:对一位数进行操作时,要指明具体单元的具体位,例如,(20H).2 代表 20H 单元的 D2 位.

数据存储区:使用该区域的数据应指明单元的地址,例如,30H 代表 30H 单元.

特殊功能寄存器区:使用特殊功能寄存器时要指明特殊功能寄存器的名字,例如,P0.

如果你想更详细地了解内部 RAM,可以去看看附录.

FFH 80H	特殊功能寄存器区。 占用32个单元,其中存放的内容可以控制单片机运行或反映单片机运行状态。
7FH 30H	数据存储区。 存放临时数据。
2FH 20H	位寻址区。 16个单元的每一位数据都可以单独操作。
1FH 00H	工作寄存器区。 32个单元平均分成四组,各组8个单元依次命名为R0~R7。 工作寄存器中的内容使用很灵活,存取速度快。

图 1-8　内部 RAM 分区

任务二　使用单片机

一、任务描述

1. 情景导入

经过前面的学习,你是否已经迫不及待想动手做一个电路来控制单片机?万丈高楼平地起,我们现在就来搭地基——制作一块单片机的主机模块.

2. 任务目标

通过本次任务的完成,制作出单片机的主机模块,学会单片机程序下载的方法.

二、任务实施

★ **活动一　设计主机面板**

我们要制作的主机模块,不仅仅是将单片机焊接在万能板上这么简单!这块主机模块,将能直接从平时使用的个人电脑上下载程序,还能与其他功能模块灵活搭建各种电路,是我们学、做、玩单片机的基础!

①首先请按照表 1-3 准备好我们要使用的原材料. 由于这个电路元件和连线多,建议有条件的学校使用印制电路板替代万能板. 在制作过程中建议元件位置安排如图 1-9 所示.

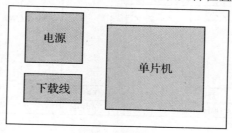

图 1-9　位置安排图

表 1-3　主机模块材料清单

名称	型号/标称值	数量
微动按钮		1
变压器	6 V	1
电容	0.1 μF	1
电容	0.33 μF	2
电容	22 μF	1
电容	30 pF	2
电阻	4.7 K	3
电阻	1 K	1
电阻	300	1
电阻	10 K	8
三端稳压器	7805	1
并口	DB25 公头	1
IDC	HEADER5×2	2(公头、母头)
二极管	1N4148	1
连接线		1
晶振	12 M	1
指拨开关	SW DIP5	1
芯片插座	40PIN	1
万能板(敷铜板)		1
接线插座/插孔		34

②为了方便与其他模块连接,将单片机的 32 根接口线和电源线引出至接线插孔,制作完成后的面板如图 1-10 所示.

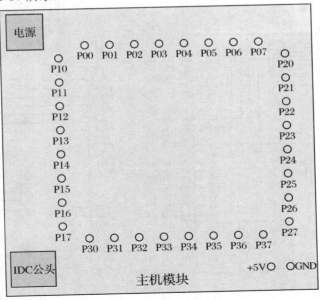

图 1-10　主机模块面板

★ 活动二 电源制作

电源部分将制作直流稳压＋5 V电源,为单片机和其他模块提供电源.可以采用直接购买电源适配器的方案,也可以自己制作.图1-11提供的是自己制作直流稳压＋5 V电源的电路图.

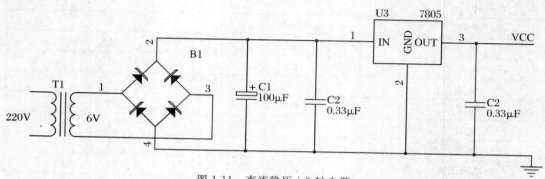

图 1-11 直流稳压＋5 V电源

★ 活动三 单片机关键引脚连接

在任务一中已经学过,单片机的6个关键引脚必须按照要求进行连接,单片机才能工作.图1-12给出的就是这6个引脚的连接图.

小贴士

为了方便更换单片机,图1-12中AT89S52要使用40引脚的芯片插座(最好是带扳手的活动插座)来替代,不要直接将单片机焊上去!

图中的J3是10针IDC的公头,是下载线的插座;S1是指拨开关,切换下载和工作状态,这两个元件先焊上去!

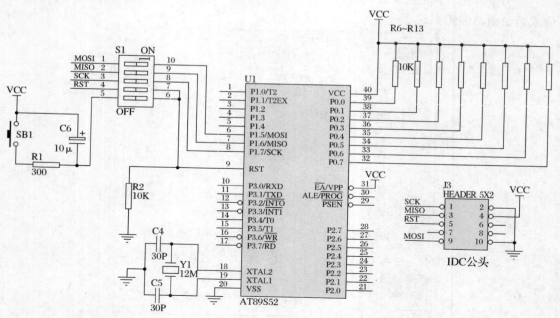

图 1-12 单片机关键引脚连接

★ **活动四　下载线的制作**

单片机控制设备的依据是程序存储器里的程序.怎样才能把程序传送到存储器中呢?

传统的调试单片机程序的方法采用先仿真后烧写的方式,但需要购买仿真器和编程器,成本较高,使用时频繁将仿真器和编程器进行更换,使用不便.Atmel 推出的 AT89ISP 系列单片机具有在线编程功能,用下载线将个人电脑和单片机连接起来,随时修改程序,观察效果.图 1-13 就是根据 Atmel 官方网站的下载线电路图整理得出.

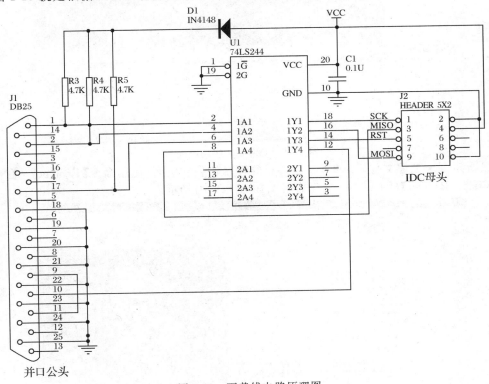

图 1-13　下载线电路原理图

小贴士

制作时,将 74LS244 安装在下载线并口公头壳中.

使用时将下载线的并口公头插入个人电脑的并口母头,将 10 针 IDC 的母头插座插入单片机主机板的 10 针 IDC 公头即可.

★ **活动五　μVision 的使用**

在前面的学习中我们已经知道指挥单片机工作的是存储器中的程序.单片机程序的编写通常使用汇编语言和 C 语言,两种语言各有优势.

不管使用什么语言编写程序,单片机都只能识别"0""1"这样的信号,因此必须将写好的程序翻译成单片机懂得的由"0""1"构成的机器语言.能完成这一任务的有很多的软件,我们推荐使用的是 KEIL 公司开发的 μVision.下面来学习使用 μVision3 完成程序录入和翻译的过程.

我们要编写一个程序控制 P2 口出现+5 V 和 0 V 的交替变化.

①首先用下载线将个人电脑的并口和单片机主机模块连接起来,并接通电源,然后启动 μVision3,出现如图 1-14 所示的画面.

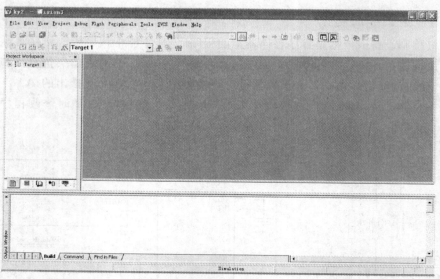

图 1-14　μVision3 启动画面

②新建一个工程文件(.uv2),我们以后的程序就装在里面.使用命令【Project】→【New】→【μVision Project】(图 1-15),出现如图 1-16 所示的对话框.

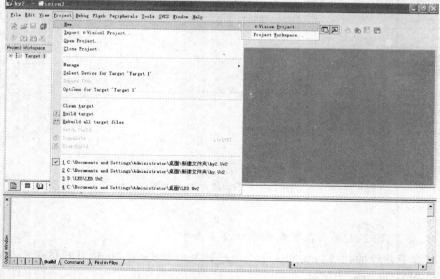

图 1-15　新建工程

图 1-16　创建工程对话框

③当点击【保存】后,出现器件选择对话框,选择 Atmel 公司的 AT 89S52,如图 1-17 所示.

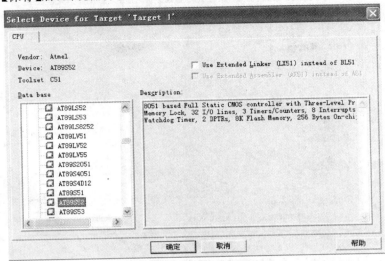

图 1-17　器件选择对话框

④屏幕上提示是否向项目中复制启动代码并添加文件,选择【否】.(图 1-18)

图 1-18　复制启动代码对话框

⑤现在项目里什么文件都没有.使用命令【File】→【New】新建一个文件.(图 1-19)

⑥使用【File】→【Save】命令或点击【保存】按钮,选择存为汇编语言格式(. ASM)或 C 语言格式(.C).(图 1-20)

⑦录入程序.(图 1-21)

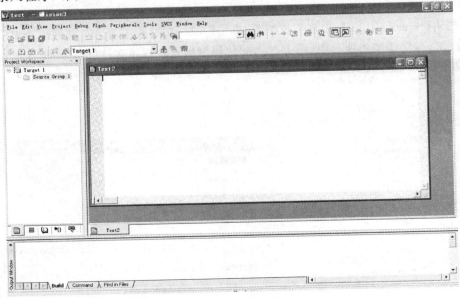

图 1-19　新建文件

图 1-20　保存文件对话框

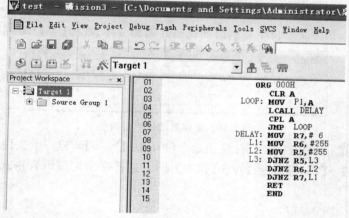

图 1-21　程序录入

⑧右击【Souce Group】,出现下拉菜单,点击【Add Files to Group' Souce Group'】,选择【Add】按钮,程序添加到项目中(图 1-22),源代码组出现该程序文件(图 1-23).

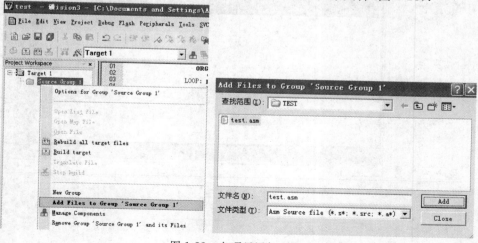

图 1-22　向项目添加程序

图 1-23　程序添加到源代码组

⑨使用命令【Project】→【Options for Target 'Target1'】或点击按钮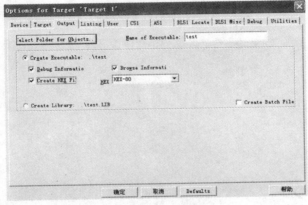，打开设置界面，选择【Output】标签，选中【Create HEX Fi】选项，设置生成文件格式为十六进制代码.（图 1-24）

图 1-24　输出选项设置

⑩接下来执行命令【Project】→【Rebuild all target files】或点击按钮重建目标文件，在工程所在文件夹会出现十六进制代码文件（.Hex），这是单片机能识别的.如果没有语法错误，输出窗口将出现如图 1-25 所示的提示，否则就应修改程序，重建目标文件.

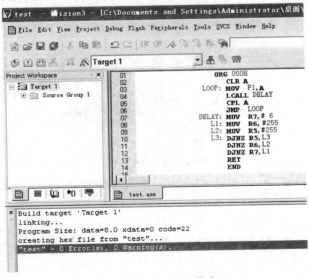

图 1-25　输出窗口信息

★ 活动六　程序的下载

现在,我们的工作就是将刚才生成的十六进制文件(程序)传送到单片机中.我们使用的是 Atmel 官方下载线,因此,也使用 Atmel 官方下载软件实现程序的下载.

Atmel Microcontroller ISP 软件为 ISP 提供了直观的界面,它可以完成对芯片的查看、编程、擦除数据等操作.

再次确认下载线连接好,主机模块已通电.将指拨开关 1~4 拨到"ON",5 拨到"OFF",将下载线与单片机连接好.

小贴士

使用万用表测量此时的 P2 口引脚对 GND 的电压是否一直为 +5 V.此时为程序下载进单片机前的状态.

①运行 Atmel Microcontroller ISP Software,出现图 1-26 所示的界面.

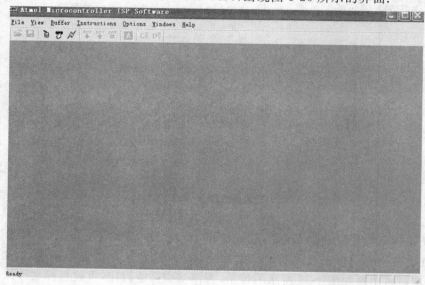

图 1-26　Atmel Microcontroller ISP Software 启动画面

②使用命令【Options】→【Select Port】,选择并口.(图 1-27)

图 1-27　并口选择

③使用命令【Options】→【Select Device】选择器件,出现如图 1-28 所示的对话框.在对话框中选择 AT89S52,在"Read→Write Mode"中选择读写芯片的模式为"Page Mode"(整个页面同时读写)或"Byte Mode"(逐字节读写),在 XTAL 中输入单片机频率,点击【OK】.

④当硬件连接正常时,就会出现图 1-29 所示的画面,显示单片机程序存储器的内容.

使用命令【Options】→【Initialize Target】,对芯片进行初始化.

使用命令【File】→【Load Buffer】,选择在 μVision 中输出的 test.HEX 文件将其加载进程序存储器中.

执行命令【Instructions】→【Auto Program】,就能看见如图 1-30 所示的下载画面.

当出现"Write to Device Complete"时,表示下载完成.

⑤将指拨开关 1~4 拨到"OFF",5 拨到"ON",将下载线与单片机断开,程序就能运行了.

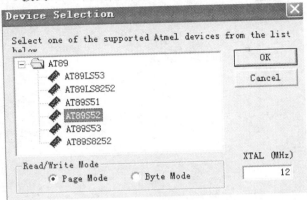

图 1-28　器件选择对话框

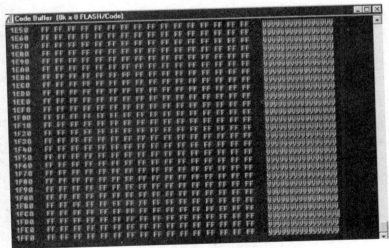

图 1-29　程序存储器(代码缓冲区)内容

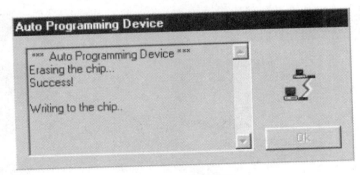

图 1-30　下载画面

小贴士

使用万用表测量此时的 P2 口引脚对 GND 的电压是否在+5 V 和 0 V 之间变化? 如果是,就表示程序下载成功,也说明了单片机全靠程序指挥它工作.

记录表

主机模块制作记录表

主机模块电路图	
主机模块面板图	

单片机原理与实训

下载线制作记录表

下载线电路图	
下载线实物图	

程序下载记录表

硬件连接图	
控制程序	
调试结果	

知识驿站

1. 我们学到的新知识

(1)我们知道了单片机是在一块芯片上集成了 CPU、数据存储器（RAM）、程序存储器（ROM）和 I/O 接口等的微型计算机.

(2)我们发现了单片机并不神秘,它和人一样地控制设备工作:输入外界信息—大脑分析处理—执行处理结果.它全靠程序在指挥工作,程序对于单片机就如同思想对于人一样重要.

(3)我们认识了单片机的重要组成部分——存储器.知道了存储器的结构就像我们的宿舍一样,也知道了存储器分成程序存储器和数据存储器,还知道了内部数据存储器的分区而且各有特色.

(4)我们学习了单片机的引脚及它们的作用.

2. 我们学到的新技能

(1)我们制作了主机模块,这就是一个单片机的最小系统.我们已经能够让单片机工作啦!

(2)我们制作了 ISP 下载线,这可是单片机程序烧写的先进方式.我们也知道什么是 ISP 了!

(3)我们学会了用 μVision 录入和翻译程序,学会了用 Atmel Microcontroller ISP 将程序烧写到单片机中.

3. 练习题

(1)我们在本书中使用的单片机型号是_____,它有_____、_____和三种封装,我们使用的单片机封装是_____,有_____个引脚.(6分)

(2)单片机的下载线要使用的四个引脚是_____、_____、_____和_____.(4分)

(3)当单片机只使用扩展的程序存储器时,引脚 EA 应该接到_____(＋5 V 或 GND).(3分)

(4)单片机的内部数据存储器中特殊功能寄存器和其他区域不同在于_____.(3分)

(5)当下载线完成了程序的烧写,必须与单片机_____(断开或保持连接).(4分)

项目一学习评价表

学生姓名			日期			
理论知识(20分)				师评		
技能操作(60分)				师评		
序号	评价内容	技能考核要求	任务评价			
1	主机模块制作	(1)完成模块制作保证电路正确性;(2)焊接工艺好,元件排布合理。	完成任务情况: 任务得分:			
2	下载线制作		完成任务情况: 任务得分:			
3	程序烧写	(1)电路连接正常(2)程序录入、翻译正确(3)程序烧写正确(4)程序现象观察全面	完成任务情况: 任务得分:			
学生专业素养(20分)				自评	互评	师评
序号	评价内容	专业素养评价标准				
1	技能操作规范性(10分)	遵守用电规范正确使用仪器、设备操作场所清洁好				
2	基本素养(10分)	参与度好,团队协作好纪律好无迟到、早退				
综合评价						

项目二 让单片机起舞

本项目将学习怎样让单片机控制设备实现动作.项目选取了日常生活中常见的显示器、工业生产中基本的电动机作为控制设备,在单片机的控制下完成简单的动作.在任务的推进过程中穿插程序设计的基本常识.

市项目学习目标

项目知识目标

认识 LED、数码管、继电器、直流电机等设备;学习程序设计所需的基本指令及程序设计的基本方法.

项目技能目标

能搭建简单的单片机输出通道,能编写简单的控制程序.

任务一 流水灯控制

一、任务描述

1. 情景导入

从路口的交通信号灯、绚丽的节日彩灯到户外的大屏幕显示、LED 彩电,我们在生活中处处能看到 LED 的影子.LED 是怎样发光的,又是怎样变换出各种效果的呢?下面我们将通过制作一块 LED 灯光模块来学习.

2. 任务目标

通过本次任务的完成,认识 LED,体会 I/O 口的作用,学会用程序控制 LED 完成不同的灯光效果.

二、任务实施

★ *活动一 学一学*

1. 认识 MCS-51 单片机 I/O 口

单片机要控制设备,必然要与外界设备发生联系——将外界设备的状态传送到单片机内部或将单片机的处理信息传达给外界设备.担任这类任务必不可少的就是单片机的 I/O 口即输入输出接口.

MCS-51 单片机具有 4 个并行 I/O 口,每个 I/O 口有 8 根接口线,见表 2-1.

MCS-51 单片机的 I/O 在进行数据传送时,I/O 口的 8 根线又是怎样传递数据的呢?下面我们来看图 2-1.

表 2-1　MCS-51 单片机 I/O 口引脚

接口名称	引脚名称
P0 口	P0.7～P0.0
P1 口	P1.7～P1.0
P2 口	P2.7～P2.0
P3 口	P3.7～P3.0

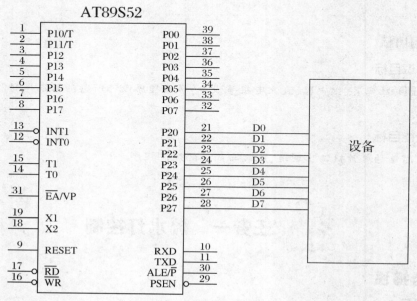

图 2-1　I/O 口数据传送示意图

从图 2-1 中可以看出,I/O 口按照管脚脚标对应传递二进制数.例如当 P2 口进行传送时,P2.0 传递数据最低位 D0,P2.1 传递 D1,依次类推,P2.7 传递数据最高位 D7.

可是"数据"又怎能控制设备呢? 记得数字电路的"1"和"0"吗?"1"为高电平,"0"为低电平.单片机是由大量数字电路构成,它体内传输的信号也是"1"和"0",我们称之为"数据".看图 2-2 的模型图,当单片机接口出现"1",其实就是接到 +5 V,出现"0",其实就是接到GND.I/O 线上的 +5 V 和 0 V 当然能影响它连接的设备啦!

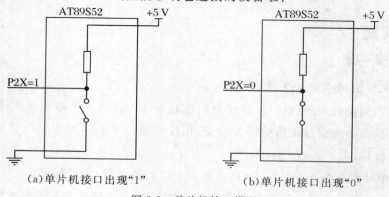

图 2-2　单片机接口模型

小贴士

P0 口可没有模型图中的电阻,所以我们在使用 P0 口时一定要给它接上电阻喔!

2. 认识 LED

发光二极管是由镓(Ga)与砷(AS)、磷(P)的化合物制成的,当电子与空穴复合时能辐射出可见光,把电能转化成光能,简写为 LED. 磷砷化镓二极管发红光,磷化镓二极管发绿光,碳化硅二极管发黄光. LED 的实物图及符号见图 2-3.

 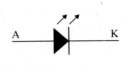

图 2-3　LED 的实物图及符号

发光二极管与普通二极管一样是由一个 PN 结组成,也具有单向导电性.当给发光二极 A(阳极)、K(阴极)加上正向电压后,产生荧光.常用的是发红光、绿光或黄光的二极管.

★ 活动二　做一做

1. 搭建 LED 硬件平台

下面我们将要搭建 LED 的实验模块.

①首先按照表 2-1 准备原材料.

表 2-1　原材料清单

名称	型号/标称值	数量
电阻	330 Ω	8
红色 LED	直径 3 mm	8
万能板		1
接线插孔/插座		9

②请按照图 2-4(a)所示的电路原理图在万能板上搭建 LED 模块.

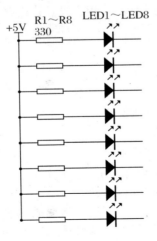 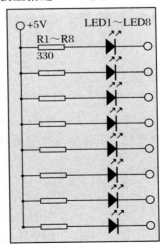

(a)LED 模块电路原理　　　　(b)LED 模块面板

图 2-4　电路原理图

小贴士

在制作 LED 模块时,为了模块的连接方便,将 LED 的阴极和电源 +5 V 均连接至接线孔.制作好的 LED 模块如图 2-4(b)所示.

2. 搭积木

将主机模块与 LED 模块按照图 2-5 连接起来,单片机控制的流水灯的躯干就搭好了.接下来,我们要指挥 LED 闪烁起来.

前面我们学到,在发光二极 A、K 之间加上正向电压后 LED 会发光.在图 2-5 中,LED 的 A 已经接到 +5 V,而 K 接到单片机的 I/O 上.因此,只要控制 I/O 引脚出现低电平 0,所连接的 LED 就会点亮;控制 I/O 引脚出现高电平 1,所连接的 LED 就会熄灭.

接下来我们就来学习让单片机按照我们的要求产生 0、1 来控制 LED 的闪烁.

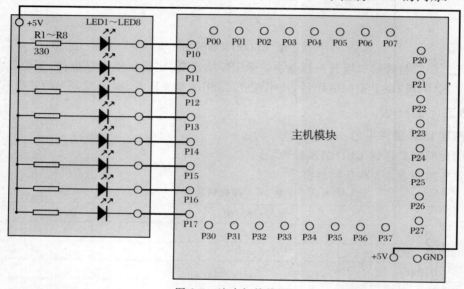

图 2-5 流水灯接线图

3. 编写程序

(1)我们首先编写一个程序让 8 只 LED 全亮全灭闪烁.程序设计的思路如图 2-6 所示.

图 2-6 LED 全亮全灭流程图

(2)下面我们来看一下根据这个思路写出的程序.

参考程序一

```
        ORG    0000H           ;表示程序将从 0000H 单元开始存放于单片
                                 机的程序存储器中.
MAIN:   MOV    P1  ,  00H       ;将 P1 口 8 根线全部变成 0,所有 LED 亮.
        MOV    P1  ,  0FFH      ;将 P1 口 8 根线全部变成 1,所有 LED 熄灭.
        LJMP   MAIN            ;转到 MIAN 处执行程序,重复上述过程.
        END                    ;程序结束
```

单片机原理与实训

从以上程序似乎可以分析得出结论,8盏LED会全亮全灭进行闪烁.但当程序运行时大家会发现,眼睛看不见灯的闪烁.原因在于单片机执行程序的速度相当快,灯闪烁太快,肉眼无法识别.要看到灯的闪烁,就要在亮灭转换之间加上时间间隔(延时).

参考程序二

```
            ORG      0000H
MAIN：      MOV      P1      , #00H
            LCALL    DELAY                    ; 调用名为DELAY的延时子程序,实现延时的目的
            MOV      P1      , #0FFH
            LCALL    DELAY
            LJMP     MAIN
DELAY：     MOV      R5      , #50D           ; 延时
L1：        MOV      R6      , #20D
L2：        MOV      R7      , #248D
L3：        DJNZ     R7      , L3             ; 每次将R7中数据减一,如果不为0,就到L3,减
                                               为0后就向下
            DJNZ     R6      , L2
            DJNZ     R5      , L1
            RET                              ; 执行完后,回到调用它的地方继续向下执行程序
            END
```

(3)调试运行程序

现在我们就按照项目一任务二所讲述的方法,将程序传送到主机模块的单片机中.

①首先在计算机的D盘新建文件夹,命名为LED.

②运行Keil,新建一个工程文件,命名为LED,如图2-7所示.

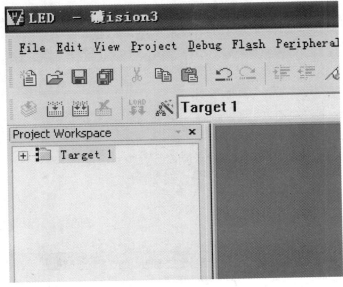

图2-7　新建工程

③新建一个汇编文件,也命名为 LED,并录入参考程序二,如图 2-8 所示.

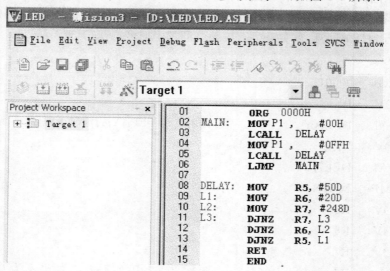

图 2-8　汇编文件

④将汇编文件 LED. ASM 添加到工程中,如图 2-9、图 2-10 所示.

⑤程序已经输入完成,我们接下来将为程序传送到单片机中做准备.执行菜单命令【Project】→【Options for Target'Target1'】或点击 按钮,选择【Output】标签,选中【Create HEX Fi】选项,设置生成文件格式为十六进制代码.(图 2-11)

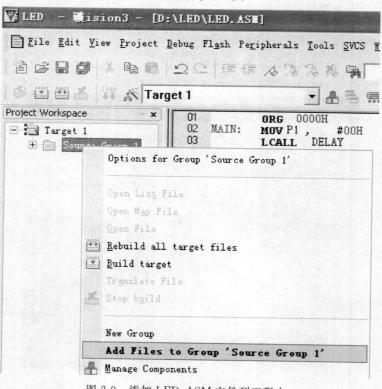

图 2-9　添加 LED. ASM 文件到工程中

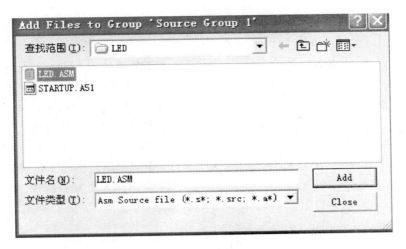

图 2-10　添加文件对话框

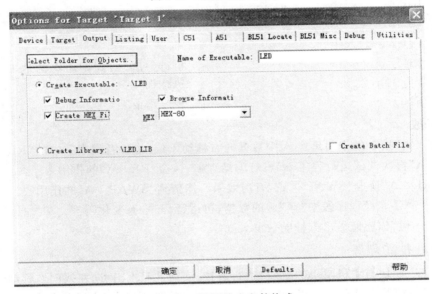

图 2-11　设置输出文件格式

⑥执行菜单命令【Project】→【Rebuild all target files】或点击 ⊞ 按钮,在工程输出窗口出现"0Error(s),0Warning(s)",表示汇编与连接成功,否则应修改程序.

⑦将 ISP 下载线与主机模块连接上,启动下载软件,使用命令【File】→【Load Buffer】或点击按钮 ⌫ 加载 LED.HEX 文件,执行命令【Instructions】→【Auto Program】或点击按钮 🅰 完成程序下载.同学们就能看见 8 只 LED 灯全亮全灭的闪烁效果.

★ *活动三　练一练*

现在,我们可以看到 8 盏 LED 灯的全亮全灭变化,但我们还没有满足.在街上,我们能看到很多的彩灯,它们并不全是全亮全灭闪烁.

1.照着做

按照活动二中调试程序的步骤运行参考程序三,观察 LED 移动闪烁效果,体会"RL　A"指令的作用.

参考程序三

```
              ORG     000H
MAIN:   MOV         A        ,   #0FEH    ; A中送入数据11111110B,只有接收到0
                                            的LED亮

          MOV         P1       ,   A        ; 将A中数据送到P1口中,A中数据通
                                            过P1口控制LED亮灭

          LCALL       ELAY
          RL          A                     ; A中数据向左移动1位,改变0的位置
          LJMP        MAIN                  ; 转到MIAN处执行程序,重复上述过程
DELAY:  MOV         R5       ,   #50D     ; 延时
L1:     MOV         R6       ,   #20D
L2:     MOV         R7       ,   #248D
L3:     DJNZ        R7       ,   L3
          DJNZ        R6       ,   L2
          DJNZ        R5       ,   L1
          RET                               ; 执行完后,回到调用它的地方继续向下
                                            执行程序

          END                               ; 程序结束
```

2.改一改

1.“RR A”指令的作用是将A中数据向右移动1位.将参考程序三中的“RL A”指令换成“RR A”再次调试运行程序.观察灯闪烁现象,体会“RR A”的作用.

2.将“RL A”换成“SWAP A”,有何效果?能猜到“SWAP A”的作用吗?

3.改变“DELAY”程序段中“#”后的数据,再运行程序,有变化吗?

4.请想一想,你还能做出怎样的效果.

★ **活动四 技能训练**

1.将LED模块与主机模块的P2口进行连接,实现8只LED向左或向右移动.

2.将LED模块与主机模块的P3口进行连接,按照图2-12控制LED点亮.

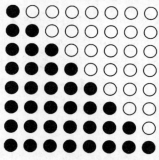

图2-12 LED闪烁效果图

记录表

技能训练 1 记录表

硬件连接图	
控制程序	
调试结果	

技能训练 2 记录表

硬件连接图	
控制程序	
调试结果	

任务二　LED 数码管控制

一、任务描述

1. 情景导入

数码管是一种常见的数字显示设备,能显示数字、字符等,在奥运会倒计时牌上、比赛中的计分器上都能见到数码管.由于使用方便、显示清晰、成本低等优点,数码管在家用电器、工业控制等领域应用广泛.我们接下来就学习怎样控制七段数码管显示信息.

2. 任务目标

完成任务后,能够控制数码管以静态、动态的方式显示指定信息,并且能够编写较复杂的程序.

二、任务实施

★ 活动一　学一学

1. 认识七段数码管

七段数码管其实由八个笔画段组成,每一个笔画段由一个 LED 组成,分别用 a~dp 表示.数码管根据内部各个笔画之间的连接关系分为共阴极和共阳极结构.

共阴极接法中,所有笔画的阴极并联在一起,形成公共阴极 COM,阳极独立;共阳极接法中,所有笔画的阳极并联在一起,形成公共阳极 COM,阴极独立.

数码管的符号和内部结构见图 2-13.图中,每一个笔画等效成一只 LED.

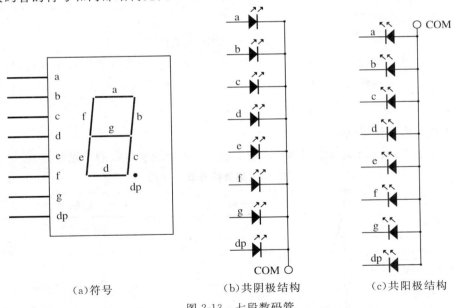

(a)符号　　　　　　(b)共阴极结构　　　　　　(c)共阳极结构

图 2-13　七段数码管

根据图 2-14 可以得出,每一个笔画只要形成正向偏置就能点亮.

实际应用中不同型号的数码管的引脚排列不同,我们在本次任务中采用在数字实验中常用的共阳数码管、共阴数码管,其引脚排列见图 2-14.

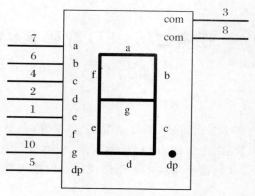

图 2-14 数码管引脚排列

2. 认识 74LS244

缓冲器 74LS244 的引脚和真值表见图 2-15.

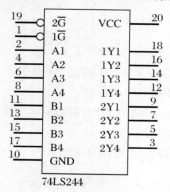

74LS244

G1	A_0-A_3	Y_0-Y_3	G2	A_4-A_7	Y_4-Y_7
H	X	Z	H	X	Z
L	H	H	L	H	H
L	L	L	L	L	L

图 2-15 74LS244 的引脚及真值表

74LS244 就像一道门, $1\overline{G}$ 和 $2\overline{G}$ 就是钥匙. 当 $1\overline{G}$ 和 $2\overline{G}$ 为低电平(0),输入端(Dn)的信号就会进入这道门来到输出端(Qn);否则门就不开,输入信号就进不来.

★ 活动二 做一做

1. 搭建数码管硬件平台

认识了新元件,我们要开始动工啦. 请按照表 2-2 列出的原材料清单做好准备.

表 2-2 原材料清单

名称	型号/标称值	数量(个)
电阻	100 Ω	8
电阻	10 K	6
共阳数码管		6
三极管	9012	6
数据缓冲器	74LS244	2
万能板		1
接线插座/插孔		17

请同学们按照图 2-16 在万能板上搭建数码管的硬件平台.

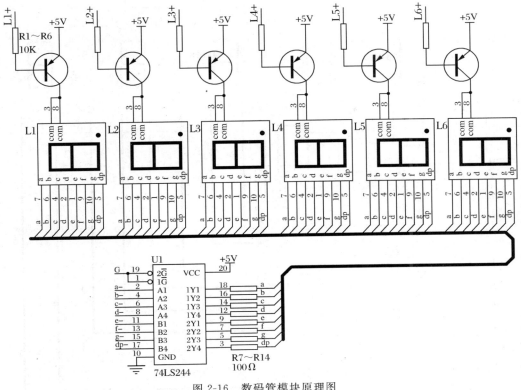

图 2-16 数码管模块原理图

小贴士

注意所有数码管的同名阴极都是并联在一起的！凡是需要外接的线均使用接线插孔，完成之后的数码管模块如图 2-17 所示.

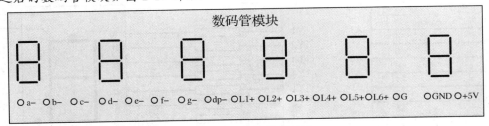

图 2-17 数码管模块面板

2. 搭积木

数码管模块做好了,只要我们给模块加上合适的信号,它就能亮起来.我们就将这个工作交给单片机完成吧.同学们按照表 2-3 将主机模块和数码管模块连接起来,就能得到如图 2-18 所示的连接图.接下来就看我们的程序怎么编啦！

表 2-3 主机模块和数码管模块引脚连接表

数码管模块	主机模块
a－～dp－	P00～P07
L1＋～L6＋、G	P20～P26
GND、＋5 V	GND、＋5 V

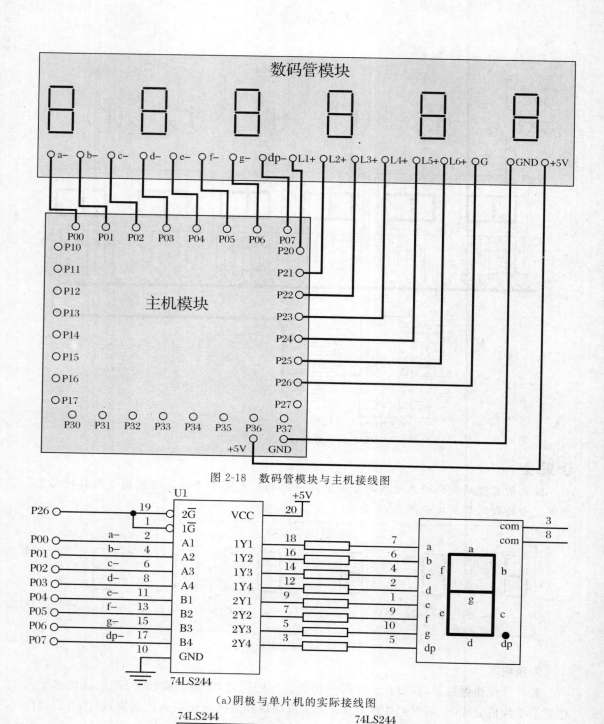

图 2-18 数码管模块与主机接线图

（a）阴极与单片机的实际接线图

（b）74LS244 门没有打开

（c）74LS244 门打开

图 2-19 阴极与单片机的连接

3. 编写程序

这个电路可比任务一的电路复杂多啦.有些同学可能会产生畏难情绪.没有关系,万丈高楼也是一砖一瓦砌成,复杂的程序我们也能从简单的做起.

(1)单片机 I/O 的数怎样传到数码管阴极

经过任务一的训练,相信大多数的同学已经知道 I/O 口的线可以将单片机的数据送到和它相连的设备,例如 LED,但图 2-16 中 I/O 口和数码管之间还隔着其他元件呢.所以,我们首先解决将数据送到设备的问题.

先看图 2-19,数码管阴极通过 74LS244 与单片机的 P0 口连接.因此,P0 的数据要送到阴极的过程应该是如图 2-20.

图 2-20　P0 数据送阴极流程

将图 2-20 变成指令实现:

```
MOV   P0   ,  ♯0F9H  ；  数据送到 P0 口做好准备
CLR   P2.6            ；  P2.6 变成 0 打开门,P0 口数据送到阴极
```

(2)数码管阳极怎样接到+5 V

数码管的阳极分别接到单片机 I/O 线 P2.0～P2.5,我们看 L1 的接法.图 2-21 是 L1 与 P2.0 的连接图.只要 P2.0 为 0,PNP 三极管就导通,L1+就接到+5 V 上了.用指令实现很简单:

```
CLR   P2.0；  P2.0 变成 0,三极管导通,L1+接到+5 V
```

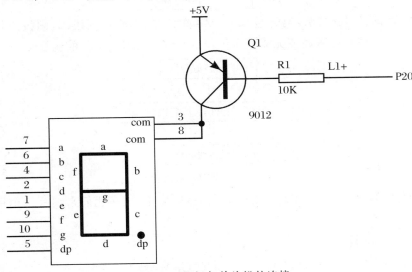

图 2-21　阳极与单片机的连接

(3)让单片机显示数字

数码管的笔画就是由若干 LED 组成.让笔画发亮就是让相应的 LED 点亮,即让 LED 正向导通.请看表 2-4.

表 2-4　共阳极数码管段码表

显示字符	段码								十六进制段码	阳极信号
	D7	D6	D5	D4	D3	D2	D1	D0		
	dp-	g-	f-	e-	d-	c-	b-	a-		
0	1	1	0	0	0	0	0	0	0C0H	
1	1	1	1	1	1	0	0	1	0F9H	
2	1	0	1	0	0	1	0	0	0A4H	
3	1	0	1	1	0	0	0	0	0B0H	
4	1	0	0	1	1	0	0	0	98H	
5	1	0	0	1	0	0	1	0	92H	
6	1	0	0	0	0	0	1	0	82H	
7	1	1	1	1	1	0	0	0	0F8H	
8	1	0	0	0	0	0	0	0	80H	1
9	1	0	0	1	0	0	0	0	90H	
A	1	0	0	0	1	0	0	0	88H	
B	1	0	0	0	0	0	1	1	83H	
C	1	1	0	0	0	1	1	0	0C6H	
D	1	0	1	0	0	0	0	1	0A1H	
E	1	0	0	0	0	1	1	0	86H	
F	1	0	0	0	1	1	1	0	8EH	
黑屏	1	1	1	1	1	1	1	1	0FFH	

表 2-4 告诉我们,共阴极数码管显示一个字符时,阴极要收到段码,阳极应接到"1"上.将(1)和(2)的工作结合起来就能完成整个工作.图 2-22 绘出了工作的流程.

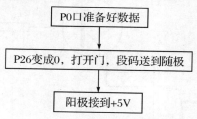

图 2-22　字符显示流程

现在我们将(1)和(2)的程序结合起来,工作就完成了.现在我们来编写一个用一个数码管 L1 显示"5"的程序:

```
        ORG     0000H
        MOV     P0      ,  #92H   ; "5"的段码送到 P0 口
        CLR     P2.6             ; P2.6 变成 0,门打开,段码由 P0 口送到阴极
        MOV     P2      ,  #0FEH  ; P2.0 变成 0,三极管导通,L1+接到+5 V
TT:     LJMP    TT
        END
```

4.调试运行程序

模仿任务一程序调试的过程,接好模块,传送程序,数码管 L1 上就会显示"5".

同学们思考一下,显示其他字符的程序应该怎么写?

★ 活动三　练一练

1. 一位数码管轮流显示不同字符

现在我们来编写一个数码管轮流显示"0"～"5"的程序.

（1）直接传送段码

有同学可能已经想到了,不就是将上边的程序重复吗? 对,基本的思路就是这样:将上述工作重复四次,每次送不同的段码.看看图 2-23 的思路.

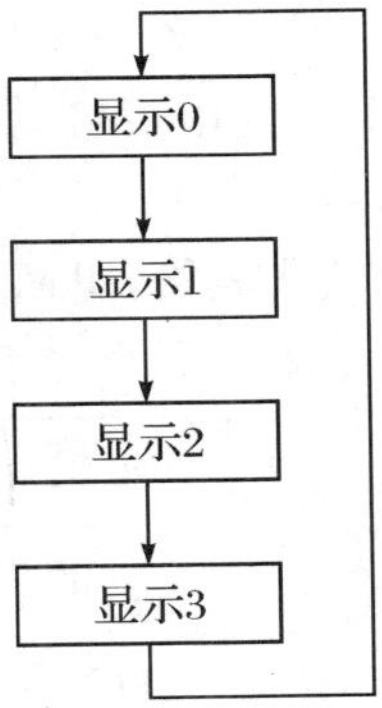

图 2-23　一位数码管轮流显示字符流程 1

参考程序一：

```
ZZ0:     ORG     0000H
         CLR     P2.6
TT:      MOV     P0      ,  #0C0H    ; "0"的段码
         MOV     P2      ,  #0FEH
         LCALL   DELAY
         MOV     P0      ,  #0F9H    ; "1"的段码
         MOV     P2      ,  #0FEH
         LCALL   DELAY
         MOV     P0      ,  #0A4H    ; "2"的段码
         MOV     P2      ,  #0FEH
         LCALL   DELAY
         MOV     P0      ,  #0B0H    ; "3"的段码
         MOV     P2      ,  #0FEH
         LCALL   DELAY
         MOV     P0      ,  #98H     ; "4"的段码
         MOV     P2      ,  #0FEH
         LCALL   DELAY
         MOV     P0      ,  #92H     ; "5"的段码
         MOV     P2      ,  #0FEH
         LCALL   DELAY
         LJMP    TT                  ; 转到 TT 循环显示"0"～"5"
DELAY:   MOV     R5      ,  #10D     ; 延时
L1:      MOV     R6      ,  #200D
L2:      MOV     R7      ,  #200D
L3:      DJNZ    R7      ,  L3
         DJNZ    R6      ,  L2
         DJNZ    R5      ,  L1
         RET
         END
```

模仿任务一运行程序,观察现象.

(2)使用表格

若要显示"0"~"9",程序就会显得有点长.下面,我们来把程序变短一点.这一次的想法是做一张表格,里面顺序存放段码,依次取出来显示.图 2-24 是流程图.

给表格取个名字 TAB:

0C9H	0F9H	0A4H	0B0H	98H	92H

程序中制作表格的方法:

TAB:	DB	0C9H,	0F9H,	0A4H,	0B0H,	98H,	92H
		第 0 个数	第 1 个数	第 2 个数	第 3 个数	第 4 个数	第 5 个数

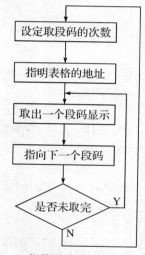

图 2-24 一位数码管轮流显示字符流程 2

小贴士

图 2-24 中出现了一种新的方法,叫做循环.事先规定好要做的次数,每做一次判断一下是否未完成,是(Y),继续重复,否(N),结束循环,如图 2-25 所示.

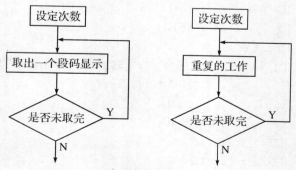

图 2-25 循环结构

根据流程图,我们用参考程序二完成和参考程序一相同的任务.

参考程序二:

```
        ORG     0000H
TT:     MOV     R3      ,   #06D        ; 设定取段码的次数为 6 次
        MOV     DPTR    ,   TAB         ; 指明表格的地址 TAB
        CLR     A                       ; A 清零
KK:     MOVC    A       ,   @A+DPTR     ; 从表格中取出段码放在 A 中
        INC     A                       ; 指向下一个段码
        CLR     P2.6                    ; 将取出的段码送出显示
        MOV     P0      ,   A
        MOV     P2      ,   #0FEH
        LCALL   DELAY
        DJNZ    R3      ,   KK          ; 判断是否未做完.
        LJMP    TT
DELAY:  MOV     R5      ,   #10D        ; 延时
L1:     MOV     R6      ,   #200D
L2:     MOV     R7      ,   #200D
L3:     DJNZ    R7      ,   L3
        DJNZ    R6      ,   L2
        DJNZ    R5      ,   L1
        RET
TAB:    DB  0C9H,  0F9H,  0A4H,  0B0H,  98H,  92H
        END
```

模仿任务一,运行程序,观察现象是否与前一种方法一样.

小贴士

程序中使用了查表指令 MOVC　A,@A+DPTR.这条指令的功能是 DPTR 中装着 TAB 表格首地址,A 中装的内容就决定取出的是表格的第几个数据.例如,(A)＝2,取出的就是 TAB 表格中第 2 个数据 0A4H.

2. 数码管动态显示

如果要求 4 位数码管同时显示出"7""9""5""3",就出现一个问题——数码管和单片机怎么接?有同学可能会提出将 4 只数码管分别用一个 I/O 口来传送段码,可是 I/O 口不够!你可能提出将 4 只数码管并联,可 4 只数码管的显示就会完全相同啦!怎么办?

我们在生活中常遇到这种现象:灯闪烁快到一定程度,由于人眼的视觉暂留,就会感觉灯一直亮着.我们将利用这种现象来完成多位数码管的不同显示.图 2-26 是动态显示的思路.

由于单片机执行程序速度很快,会在人眼中形成视觉暂留,感觉就像四只数码管同时显示了不同的数据,如图 2-27 所示.

同学们再看一看图 2-16 和表 2-3,我们将根据硬件图和动态显示思路编写程序.

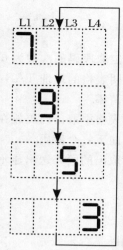

图 2-26　动态显示思路图

图 2-27　动态显示效果图

参考程序三：

```
        ORG     0000H
        CLR     P2.6
TT:     MOV     P0     ,  #0F8H    ; 送出"7"的段码
        MOV     P2     ,  #0FEH    ; 只有L1+接+5 V,L1 显示"7"
        LCALL   DELAY
        MOV     P0     ,  #90H     ; 送出"9"的段码
        MOV     P2     ,  #0FDH    ; 只有L2+接+5 V
        LCALL   DELAY
        MOV     P0     ,  #98H     ; 送出"5"的段码
        MOV     P2     ,  #0FBH    ; 只有L3+接+5 V,L3 显示"5"
        LCALL   DELAY
        MOV     P0     ,  #0B0H    ; 送出"3"的段码
        MOV     P2     ,  #0F7H    ; 只有L4+接+5 V,L4 显示"3"
        LCALL   DELAY
        LJMP    TT
DELAY:  MOV     R5     ,  #90H     ; 延时
        DJNZ    R5     ,  $
        RET
        END
```

再运行一下这个程序,能看到图 2-27 的效果吗?

★ **活动四　技能训练**

(1)编写程序,使一位数码管轮流显示"0"~"9".

(2)编写程序,使六位数码管同时显示"3""4""2""5""9""8".

记录表

技能训练 1 记录表

硬件连接图	
控制程序	
调试结果	

技能训练 2 记录表

硬件连接图	
控制程序	
调试结果	

任务三　直流电机的控制

一、任务描述

1. 情景导入

工厂里的机床、自动化生产线,生活中的洗衣机、空调乃至玩具,都能看见电机的踪迹.越来越多的电机采用计算机来进行控制.我们的任务就是用单片机控制直流电机的工作.

2. 任务目标

通过电机模块的制作和控制程序的编写,建立驱动的概念,能控制电机进行正反转运行.

二、任务实施

★ **活动一　学一学**

1. 认识直流电机

直流电动机是最早出现的电动机,由于其具有良好的调速性能、控制简单、效率高等优点而应用广泛.随着永磁材料和制造工艺的发展,采用永磁材料作为励磁的直流电机由于体积小、结构简单、省电而在中小功率范围应用广泛.图 2-28 是直流电机的符号与图片.

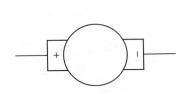  

　　　(a)直流电机符号　　　　　　　　　　　(b)直流电机图片

图 2-28　直流电机符号与图片

2. 认识继电器

继电器的作用是用来传递信号或同时控制多个电路,也可直接用它来控制小容量电动机或其他电气执行元件.继电器的符号与图片见图 2-29.

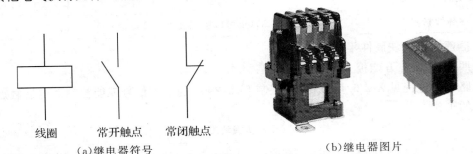

线圈　　　常开触点　　　常闭触点　　　　　　　(b)继电器图片
(a)继电器符号

图 2-29　继电器符号与图片

当继电器的线圈未通电时,它的常开触点断开,常闭触点闭合;当继电器的线圈通电时,它的常开触点闭合,常闭触点断开.

在本次任务中,我们将使用继电器来接通或断开电机主回路.

3. 认识达林顿驱动 ULN2003

达林顿驱动顾名思义就是复合管驱动,它的放大倍数大,驱动能力强,ULN2003 集成了 7 路的复合管驱动专用集成电路,具有反相驱动能力,内有保护钳位二极管,可以直接驱动各种指示灯、继电器、7 段 LED 显示器、小功率的步进电机等. ULN2003 的外形及引脚排列图见图 2-30.

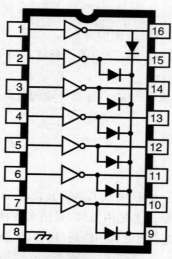

图 2-30 ULN2003 引脚排列

★ 活动二 做一做

请按照表 2-5 列出的原材料清单做好准备.

表 2-5 原材料清单

名称	型号/标称值	数量
电阻	1K	4
继电器	HRS1H-F-DC5V(也可以用其他型号)	4
直流电机	玩具电机	1
万能板		1
接线插座/插孔		16
达林顿驱动	ULN2003(A)(也可以用三极管自己搭接)	1

1. 搭建电机模块硬件平台

按照图 2-31 在万能板上搭建电路.

电路工作过程见表 2-6.可以得出,控制 ULN2003 的输入信号就能控制继电器触点所连接设备的工作.

表 2-6 电机模块工作原理

ULN2003 输入	ULN2003 输出	继电器线圈状态	继电器常开触点状态	继电器常开触点所接设备
1	0	通电	闭合	通电
0	1	断电	断开	断电

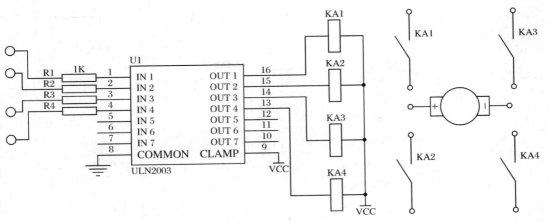

图 2-31　直流电机模块电路原理图

小贴士

继电器的常开和常闭触点的判别在电子元件识别的学习时已经做过,相信没有问题.常开和常闭触点有一个公共引脚,请仔细安装.

为了模块能灵活搭建电路,请大家在图中有圆圈的地方均使用接线插孔.如果你还想制作更复杂的控制,可以将常闭触点也安装插孔.模块制作完成后的面板如图 2-32 所示.

电机模块						
○IN1	○IN2	○IN3	○IN4	○KA1	○KA1	○KA2	○KA2
○KA3	○KA3	○KA4	○KA4	○M+	○M−	○VCC	○GND

图 2-32　电机模块面板图

2. 控制电机启动与停止

将电机与继电器常开触点串联.图 2-33 是电机启、停控制电路原理图,图 2-34 是模块接线图.

综合图 2-31 和表 2-6 可以得出,改变 ULN2003 的输入信号就能够控制电机的启动和停止,见表 2-7.

表 2-7　电机启、停状态表

单片机 I/O 信号	ULN2003 输出	继电器线圈状态	继电器常开触点状态	电机工作状态
1	0	通电	闭合	通电
0	1	断电	断开	断电

程序实现:

电机启动的指令:

　　SETB　P3.0　;　将 P3.0 变成"1",让 ULN2003 的 IN1 变成"1",则输出变成
　　　　　　　　　　　"0",继电器线圈通电,常开触点闭合,电机通电旋转.

电机停止的指令:

　　CLR　　P3.0　;　将 P3.0 变成"0",让 ULN2003 的 IN1 变成"0",则输出变成
　　　　　　　　　　　"1",继电器线圈断电,常开触点断开,电机停止旋转.

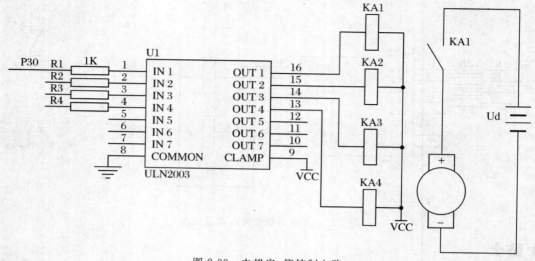

图 2-33 电机启、停控制电路

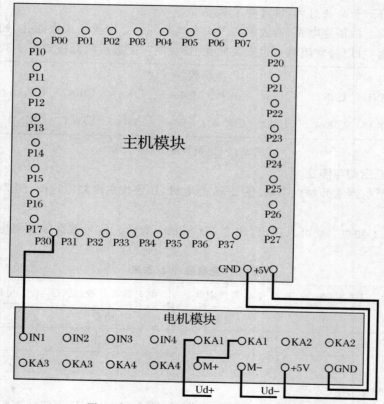

图 2-34 电机启、停控制电路模块接线图

小贴士

控制电机启动与停止的程序中出现了两条位操作指令:

SETB 这条指令的功能是将某一位变成1;

CLR 这条指令的功能是将某一位变成0.

位操作指令可以直接针对某一位进行处理,用起来很灵活.

参考程序一：
　　ORG　　0000H
　　SETB　P3.0
　　SJMP　$
参考程序二：
　　ORG　　0000H
　　CLR　　P3.0
　　SJMP　$
上机调试程序,验证电机能否正常启动/停止.

3. 电机正转、反转控制

同学们按照图 3-35 所示的原理图将电机模块与主机模块连接起来,模块接线图见图 2-36.

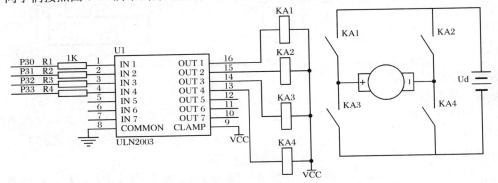

图 2-35　电机正、反转控制电路原理图

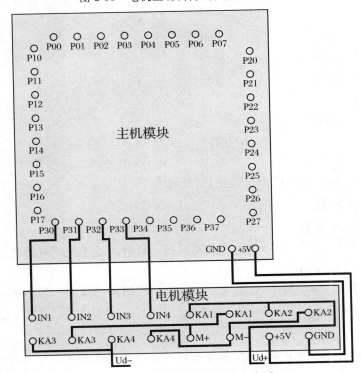

图 2-36　电机正、反转模块接线图

改变直流电机的转动方向只需改变流过绕组的电流方向就可以实现,见表2-8.

表 2-8　电机正、反转状态表

电机状态	正转				反转			
I/O口数据	P33	P32	P31	P30	P33	P32	P31	P30
	1	0	0	1	0	1	1	0
继电器状态	KA4	KA3	KA2	KA1	KA4	KA3	KA2	KA1
	接通	断开	断开	接通	断开	接通	接通	断开
形成的回路								

程序实现:

电机正转的指令:

  MOV P3 , #00001001B ; P3.0、P3.3为1,P3.1、P3.2为0,导致KA1、
                KA4吸合,KA2、KA3断开,电机正转.

电机停止的指令:

  MOV P3 , #00000110B ; P3.0、P3.3为0,P3.1、P3.2为1,导致KA1、
                KA4断开,KA2、KA3吸合,电机反转.

参考程序三:

  ORG 0000H
  MOV P3 , #00001001B
  SJMP $

参考程序四:

  ORG 0000H
  MOV P3 , #0000110B
  SJMP $

上机调试程序,验证电机能否正常正转/反转.

★ 活动三　技能训练

1. 电机启动、停止控制

按照图2-35接线,编写程序,让电机启动运行一段时间后停止.(时间自己控制)

2. 电机正转、反转控制

按照图2-36接线,编写程序,让电机正转运行一段时间再反转一段时间,最后停止.(时间自己控制)

小贴士

"一段时间"的控制会使用到延时,参考前面两个任务的延时是怎样编写和使用的.试着改变一下延时的时间.

记录表

技能训练 1 记录表

硬件连接图	
控制程序	
调试结果	

技能训练 2 记录表

硬件连接图	
控制程序	
调试结果	

知识驿站

1.我们学到的新知识点

(1)程序书写格式

	ORG 0000H　;		所有程序都必须从 0000H 单元开始存放在单片机的程序存储器中.
MAIN:	MOV P1	, #00H	
	MOV P1	, #0FFH	
	LJMP MAIN		; 程序功能结束之后,如果要循环工作,就使用 LJMP 指令转到想循环的地方;否则,就让单片机原地转圈.例如,MAIN:LJMP MAIN
	END		表示程序结束,之后出现的指令不进行汇编.

(2)学到的新指令

传送指令	MOV P0	, #00H	; 将数据复制到 P0 中去.数据前一定加上"#".P0 的位置可以填写内部 RAM 所有的单元地址/名称.
	MOV P0	, A	; 将 A 中数据复制到 P0 中. A 和 P0 可以用内部 RAM 所有的单元地址/名称替代.
减一不为 0 转移	DJNZ R5	, TT	; R5 中的数据减一,不等于 0 就转到 TT,R5 中的数据为多少,就会转到 TT 几次. R5 可以用内部 RAM 的单元地址和其他寄存器替代.
子程序调用及返回	LCALL DELAY		这两条指令必须配套使用.
	RET		;

位操作指令	SETB P3.0		; 将 P3.0 内容置为 1.
	CLR P3.0		; 将 P3.0 内容置为 0.
A 移位指令	RL A		; A 中数据向左移动 1 位.
	RR A		; A 中数据向右移动 1 位.
查表指令	MOVC A	, @A+DPTR	; DPTR 是表格首地址,A+DPTR 就是要取出的数据的地址.

2. 我们学到的新方法

(1)简化程序的方法一——循环结构

循环程序可以控制被重复工作的次数,实现的方法如图 2-37 所示.例如,R5 中被装入6,就会将 L5 重复做 6 次.循环结构的好处就是可以简化程序,减小书写量.

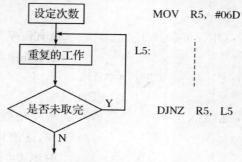

图 2-37 循环结构

延时程序是循环结构的典型应用.延时的原理很简单,就是使用 DJNZ 指令重复做减 1的工作,利用计算机执行指令的时间来耗时,达到延时的目的.

(2)简化程序的方法二——子程序结构

在程序设计中,经常有一些相同程序段重复出现,使得程序显得很长,如图 2-38(a)所示.为精简程序结构,将重复出现的相同程序段单独编写成为一个子程序摆放在主程序之后,主程序中凡是需要执行该程序段的只需要使用一条 LCALL 指令.用一条指令替代一段程序,结构简化,书写量减少,如图 2-38(b)所示.

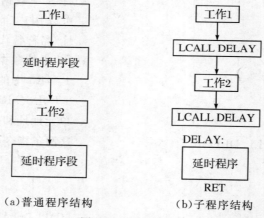

(a)普通程序结构 (b)子程序结构

图 2-38 子程序结构

3. 我们学到的新技能

总的来说,我们在这个项目中致力于学会怎样通过单片机的 I/O 输出信号控制设备的工作.

(1)我们可以控制 LED 流水灯出现不同的效果,大街上的彩灯效果你也能做出来.

(2)我们学到了数码管的动态显示,可以让不同数码管"同时"显示不同数据,这是一个很大的进步.

(3)直流电机,曾经觉得很笨重很危险的装置,我们也能轻松控制它.

思考与练习

1.我们制作的数码管模块使用的是共阳极数码管,如果是共阴极数码管,该送出怎样的段码? 试一试,写出来.(5分)

显示字符	段码								十六进制段码	阴极信号
	D7	D6	D5	D4	D3	D2	D1	D0		
	Dp+	g+	f+	e+	d+	c+	b+	a+		
0	0	0	1	1	1	1	1	1	3FH	
1	0	0	0	0	0	1	1	0	06H	
2										
3										
4										
5										
6										
7										
8										
9										0
A										
B										
C										
D										
E										
F										
黑屏										

2.你已经学习了一些指令,我们一起巩固一下.(10分)

```
        MOV     A      , #60H   ; (A)=60H
(1) MOV     P3     , #33H   ; (P3)=
(2) MOV     R2     , #78H   ; (R2)=
(3) MOV     50H    , #45H   ; (50H)=
(4) MOV     A      , #02H
    RR      A                ; (A)=
(5) MOV     A      , #25H
    MOV     30H    , A
    MOV     P2     , 30H    ; (P2)=
(6) MOV     R5     , #33H
```

```
        MOV      A       ，  ♯80H
        MOV      R5      ，  A        ；（R5）＝
```

3.下面有一段程序,我们如果要程序执行一次就停下来,TT 该摆在哪里?(2分)

```
               ORG 0000H
    ？         MOV   R5      ，  90H
    ？         MOV   A       ，  R5
    ？         RL    A
    ？         LJMP  TT
               END
```

4.程序中有一个表,名字叫 DISPLAY,下面的程序取处的是第几个数据?(3分)

```
        MOV    DPTR  ，   ♯DISPLAY
        MOV    A     ，   ♯03D
        MOVC A     ，    @A＋DPTR
```

取出的是表中第_____个数据.

项目二学习评价表

学生姓名			日期				

理论知识(20 分)				师评			

技能操作(60 分)   师评

序号	评价内容	技能考核要求	任务评价	师评
1	流水灯控制	(1)完成模块制作并实现与主机连接；(2)能完成"练一练"并得到正确效果；(3)能完成"技能训练"任务。	完成任务情况： 任务得分：	
2	LED 数码管控制		完成任务情况： 任务得分：	
3	直流电机控制		完成任务情况： 任务得分：	

学生专业素养(20 分)			自评	互评	师评
序号	评价内容	专业素养评价标准			
1	技能操作规范性(10 分)	遵守用电规范 正确使用仪器、设备 操作场所清洁好			
2	基本素养(10 分)	参与度好，团队协作好 纪律好 无迟到、早退			
综合评价					

项目二学习评价表

学生姓名			日期		

理论知识(20 分)				师评	

技能操作(60 分)			师评	

序号	评价内容	技能考核要求	任务评价	
1	流水灯控制	(1)完成模块制作并实现与主机连接；(2)能完成"练一练"并得到正确效果；(3)能完成"技能训练"任务。	完成任务情况： 任务得分：	
2	LED 数码管控制		完成任务情况： 任务得分：	
3	直流电机控制		完成任务情况： 任务得分：	

学生专业素养(20 分)			自评	互评	师评
序号	评价内容	专业素养评价标准			
1	技能操作规范性(10 分)	遵守用电规范 正确使用仪器、设备 操作场所清洁好			
2	基本素养(10 分)	参与度好，团队协作好 纪律好 无迟到、早退			
综合评价					

项目三　电机控制器

本项目将学习使用按键对电机启动、停止、转向、转速、转角进行控制. 项目选取在自动化控制领域常用的直流电机和步进电机作为被控对象.

■项目学习目标

项目知识目标

了解电机启动、停止的基本方法;了解步进电机转向、转速、转角的控制原理.

项目技能目标

能搭建电机硬件平台,能对直流电机完成基本的启、停控制;能根据特种电机的控制原理完成转向、转速、转角的控制.

任务一　键控直流电机

一、任务描述

1. 情景导入

我们在项目二的任务三中实现了直流电机的启动和停止、正转和反转的控制. 在实际的应用中,操作者总是希望在电机运行的任意时刻进行干预,常用的手段就是使用操作按键. 我们将学习通过按键对设备发布命令.

2. 任务目标

能根据按键指令实现电机启动和停止、正转和反转的切换,掌握向单片机输入命令的方法.

二、任务实施

★ 活动一　学一学

1. 认识按键

按键在自动控制中是最基本的主令电器,又称控制按钮,也是一种简单的手动开关,通常用于发出操作信号、接通或断开电流较小的控制电路,以控制电流较大的电动机或其他电气设备的运行,有两种触点即常开和常闭触点. 我们在单片机控制中常用的是常开触点,符号和实物如图 3-1 所示.

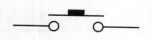

（a)符号

（b)实物

图 3-1　按键符号与实物

那么按键是怎样向单片机发出命令的呢? 我们来看图 3-2.

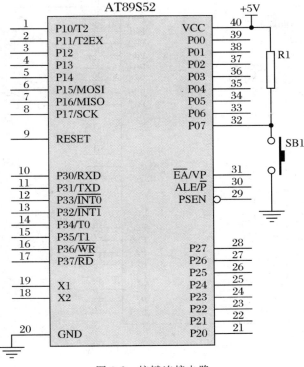

图 3-2　按键连接电路

在图 3-2 所示电路中,当按键按下时,单片机的 I/O 线 P0.7 连接到 GND,为"0";当按键松开时,单片机的 I/O 线 P0.7 被上拉到+5 V,为"1".单片机通过查询 P0.7 为"0"或"1"就可以确认按键是否按下进而发布指令.

小贴士

在实际的使用时,P1~P3 口内部均有上拉电阻,因此只有 P0 口需要外接电阻.

2. 认识纽子开关

纽子开关也是一种常见的主令电器,我们在《数字电子技术》的学习中经常使用.

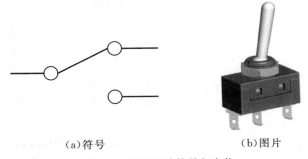

(a)符号　　　　　　　　　(b)图片

图 3-3　纽子开关符号与实物

纽子开关传达命令的形式见图 3-4.

当纽子开关扳下时,单片机的 I/O 线 P0.7 连接到 GND,为"0",当纽子开关扳上时,单片机的 I/O 线 P0.7 被上拉到+5 V,为"1".单片机通过查询 P0.7 为"0"或"1"就可以确认开关是否发布指令.

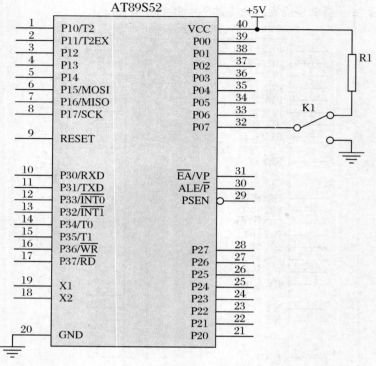

图 3-4 纽子开关连接电路

小贴士

纽子开关与按键不同在于不具有自动复位的功能,我们应根据具体场合选择.

★ **活动二 做一做**

1. 搭建指令模块硬件平台

请按照表 3-1 列出的原材料清单做好准备,我们将首先搭建指令模块.

表 3-1 原材料清单

名称	型号/标称值	数量
电阻	5K	8
按键		24
纽子开关		8
万能板		1
接线插座/插孔		26

我们要制作一个集成了矩阵键盘、独立键盘、纽子开关的指令模块,电路原理图见图 3-5.
同样,在所有的引出线端我们均采用接线插座的形式,完成之后的面板如图 3-6 所示.

2. 搭积木

根据任务目标,需要设置四个控制按键,分别发布启动、停止、正转、反转的命令控制直
流电机的运行,需要使用主机、直流电机、指令三个模块.电路原理图如图 3-7 所示,模块接
线图如图 3-8 所示.

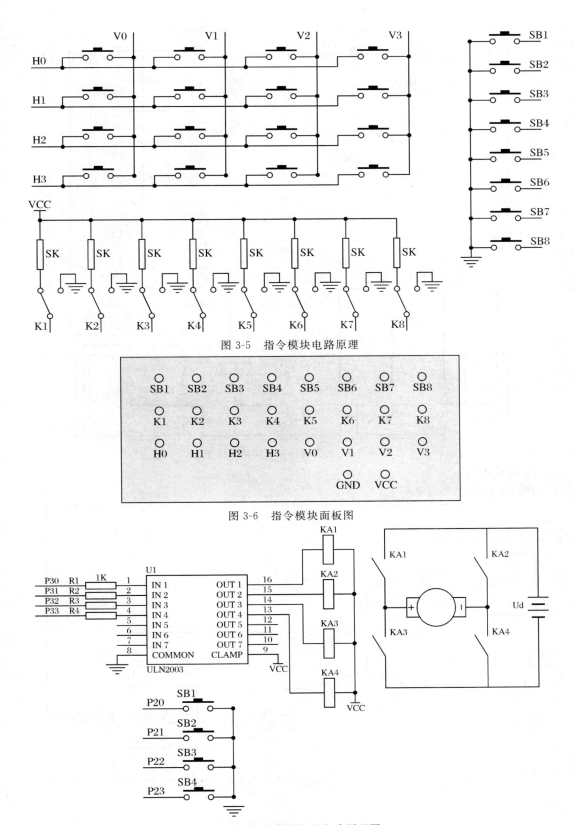

图 3-5　指令模块电路原理

图 3-6　指令模块面板图

图 3-7　键控直流电机电路原理图

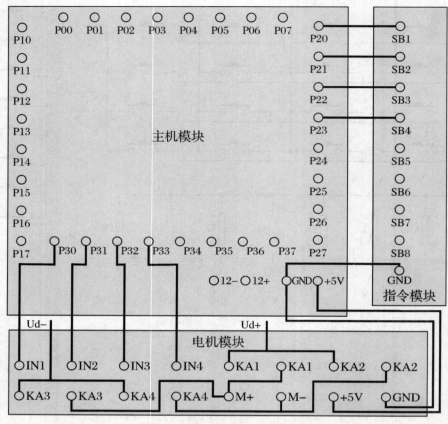

图 3-8　键控直流电机模块接线图

3. 编写程序

程序的流程如图 3-9 所示.

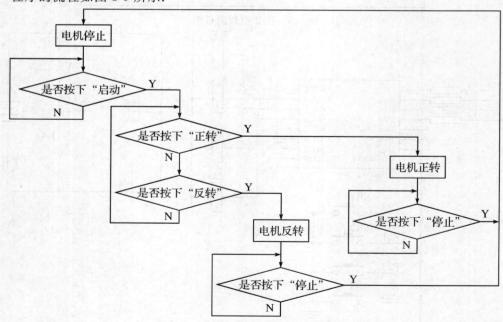

图 3-9　键控直流电机流程图

接下来解决程序的问题.设定 SB1 为"启动"、SB2 为"停止"、SB3 为"正转"、SB4 为"反转".

参考程序

```
              ORG 0000H
              AJMP      MAIN
              ORG0030H
MAIN：MOV      P3        ,    #00H  ; 电机停止
CHA1：JNB      P2.0      ,    QI    ; 查询 P2.0 是否为"0"(SB1 是否按下)
                                     为"0"(按下)转 QI,否则顺序向下
              LJMP      CHA1            ; 转到 CHA1 继续查询
QI：  JNB      P2.2      ,    ZHENG ; 查询 SB3 是否按下
      JNB      P2.3      ,    FAN   ; 查询 SB4 是否按下
      LJMP     QI              ; 继续等待方向的确定
ZHENG：MOV     P3        ,    #09H  ; KA1、KA3 闭合,KA2、KA4 断开,电
                                     机正转
CHA2：JNB      P2.1      ,    MAIN  ; 查询 SB2 是否按下
      LJMP     CHA2
FAN：MOV       P3        ,    #06H
CHA3：JNB      P2.1      ,    MAIN
      LJMP     CHA3
              END
```

★ **活动三　技能训练**

(1)使用 P0 口连接直流电机模块,P1 口连接指令模块,完成相同任务目标.

(2)使用任意接口,要求实现如下功能:

按下"启动",电机根据"正转""反转"按键转动;

在正转的过程中按下"反转",电机延时一段时间后进入反转;

在反转的过程中按下"正转",电机延时一段时间后进入正转;

按下"停止",电机停止转动.

记录表

技能训练 1 记录表

硬件连接图	
控制程序	
调试结果	

技能训练 2 记录表

硬件连接图	
控制程序	
调试结果	

任务二　步进电机控制器

一、任务描述

1. 情景导入

任务一中我们学会了使用按键控制直流电机的基本工作,但实际控制中我们还将面对其他类型电机的控制,如交流电机、伺服电机、步进电机等.其中步进电机是一种将电脉冲信号转换成为角度位移或直线位移的执行元件,由于具有响应快、定位准、数字化等特点,它在数控机床、绘图机、记录仪等设备中应用广泛.我们这次将对步进电机进行控制.

2. 任务目标

本次任务将学习步进电机控制基本原理,通过纽子开关实现对电机转向、转速、转角的控制.

二、任务实施

★ 活动一　学一学

1. 认识步进电机

我们以三相步进电机为例来学习,图3-10(a)是三相反应式步进电机的原理图.定子是硅钢片,转子是软磁材料.如图,定子上有三对极分别为 A——A(A 相)、B——B(B 相)、C——C(C 相),缠绕着绕组.当 A 相通电时,产生磁场,电磁力拉动转子转动角度 θ(步距角)后停下;当 B 相通电时,电磁力拉动转子转动角度 θ 后停下;当 C 相通电时,电磁力拉动转子转动角度 θ 后停下.将 A——B——C 相循环通电,转子不停地旋转.

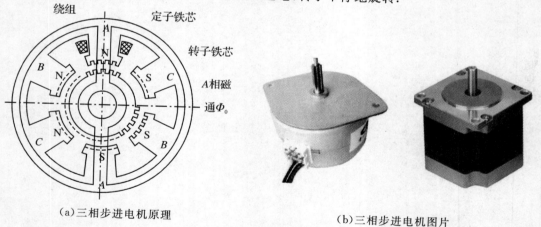

（a)三相步进电机原理　　　　　　　　（b)三相步进电机图片

图 3-10　三相步进电机

三相步进电机的通电方式见表3-2.

表 3-2　步进电机通电方式

名称	通电方式
三相单三拍	A—B—C
三相双三拍	AB—BC—CA
三相六拍	A—AB—B—BC—C—CA

2. 学习步进电机的控制原理

(1)转向控制

步进电机控制转向的方法与直流电机不同,改变通电的相序即可.三相单三拍改变转向的方法如表 3-3 所示.

表 3-3 步进电机转向控制

通电相序	电机转向
A相 ⟶ B相 ⟶ C相	正转
A相 ⟵ B相 ⟵ C相	反转

(2)转角控制

步进电机一旦型号确定,步距角就固定为 θ.以三相步进电机为例,单三拍、双三拍每通电一次,转过角度为 θ,而三相六拍每通电一次,转过角度为 θ/2.因此,控制步进电机的通电次数就能控制转过的角度.

(3)转速控制

步进电机通电一次转过角度 θ 后就停止,直到下一次通电.因此,改变各相通电之间的时间间隔即可控制电机转速.

★ 活动二 做一做

1. 搭建步进电机硬件平台

请按照表 3-4 列出的原材料清单做好准备,我们将制作步进电机模块.

表 3-4 原材料清单

名称	型号/标称值	数量
电阻	1K	2
步进电机		1
万能板		1
接线插座/插孔		7
达林顿驱动	ULN2003(A)(也可以用三极管自己搭接)	1

按照图 3-11 所示的原理图搭建电路.

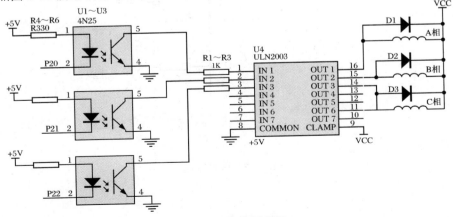

图 3-11 电路原理图

制作好的模块面板如图 3-12 所示.

步进电机模块

○ A相　　○ b相　　○ c相　　○ +5V　　○ GND　　○ VCC　　○ GND

图 3-12　步进电机模块面板

小贴士

为了简化电路,在选择步进电机时最好选电源可使用+5 V 的电机.

2. 搭积木

我们的任务目标是使用纽子开关控制步进电机的转向、转速、转角控制.设置 5 个纽子开关,K1——"正转"、K2——"反转"、K3——"高速"、K4——"低速"、K5——"定角转动",开关为"1"有效.将使用主机、步进电机、指令等模块.电路原理如图 3-13 所示,模块接线如图 3-14 所示.

根据图 3-13 的电路原理,当 P2.X 出现"1"时,绕组通电;当 P2.X 出现"0"时,绕组断电.

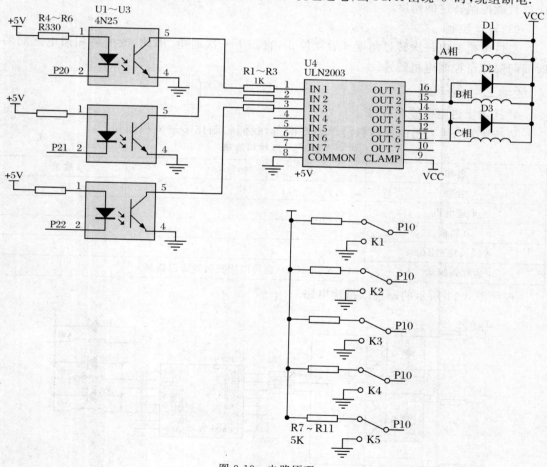

图 3-13　电路原理

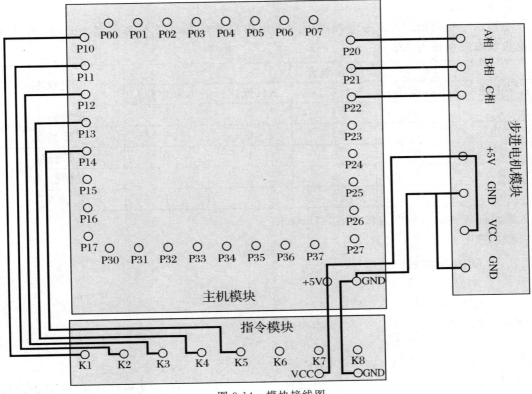

图 3-14　模块接线图

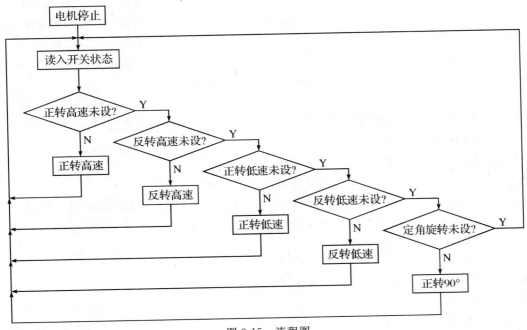

图 3-15　流程图

3. 编写程序

电机以三相六拍的方式通电,步距角 θ 与电机型号有关,本次任务假定为 3°/6°.开关 K 与电机状态关系见表 3-5.

开关组合					电机状态
K1(正转)	K2(反转)	K3(高速)	K4(低速)	K5(定角)	
1	0	1	0	0	正转高速
0	1	1	0	0	反转高速
1	0	0	1	0	正转低速
0	1	0	1	0	反转低速
0	0	0	0	1	正转 90°

满足任务要求的程序流程如图 3-15 所示.

参考程序

```
            ORG 0000H
            AJMP      MAIN
            ORG 0030H
MAIN:  MOV      P1      ,    #0FFH
            MOV      P2      ,    #00H
ZG:     MOV      A        ,    P1                              ; 读入开关
            CJNE     A        ,    #05H      ,    FG      ; "正转""高速"开关无效转
                                                                          下一状态查询
            MOV      R2      ,    #100                        ; 设置"高速"延时时间
            MOV      DPTR  ,    #TAB1                     ; 设置"正转"数据表格地址
            LCALL    YUN                                        ; 调用电机运行程序
            LJMP     ZG                                          ; 重新查询开关
FG:     CJNE     A        ,    #06H      ,    ZD
            MOV      R2      ,    #100
            MOV      DPTR  ,    #TAB2                     ; 设置"反转数据"表格地址
            LCALL    YUN
            LJMP     ZG
ZD:     CJNE     A        ,    #09H      ,    FD
            MOV      R2      ,    #200                        ; 设置"低速"延时时间
            MOV      DPTR  ,    #TAB1                     ; 设置"正转"数据表格地址
            LCALL    YUN
            LJMP     ZG
FD:     CJNE     A        ,    #0AH      ,    DJ
            MOV      R2      ,    #200                        ; 设置"低速"延时时间
            MOV      DPTR  ,    #TAB2                     ; 设置"反转数据"表格地址
            LCALL    YUN
            LJMP     CHA0
```

DJ：	CJNE	A	，　#10H	，　ZG	
	LCALL	DJ0			；　调用"定角"程序
	LJMP	ZG			
YUN：	MOV	R7	，　#6		
YUN1：	CLR	A			
	MOVC	A	，　@A+DPTR		
	MOV	P2	，　A		
	LCALL	DELAY			
	INC	DPTR			
	DJNZ	R7	YUN1		
	RET				
DJ0：	MOV	R6	，　#30		；　设置转动次数 30 次(90°)
DJ3：	MOV	R7	，　#6		
	MOV	R2	，　#200		
	MOV	DPTR	，　#TAB1		
DJ2：	CLR	A			
	MOVC	A	，　@A+DPTR		
	MOV	P2	，　A		
	LCALL	DELAY			
	INC	DPTR			
	DJNZ	R6	，　DJ1		
	RET				
DJ1：	DJNZ	R7	，　DJ2		
	LJMP	DJ3			
DELAY：	MOV	R1	，　#255		
DL1：	DJNZ	R1	，　DL1		
	DJNZ	R2	，　DELAY		
	RET				
TAB1：	DB 01H，　03H，　02H，　06H，　04H，　05H				
TAB2：	DB 05H，　04H，　06H，　02H，　03H，　01H				
		END			

★ *活动三　技能训练*

(1)改变 I/O 线的选择,重新接线并编程调试.

(2)任意选择 I/O,要求实现如下流程:

记录表

技能训练 1 记录表

硬件连接图	
控制程序	
调试结果	

技能训练 2 记录表

硬件连接图	
控制程序	
调试结果	

知识驿站

1. 我们学到的新指令

为"0"转移指令	JNB	P2.0 ，QI	；查询 P2.0 是否为"0"；为"0"（按下）转 QI,否则顺序向下执行程序.
加一指令	INC	DPTR	；将 DPTR 中的内容加一.
减一不为 0 转移	DJNZ	R5 ，TT	；R5 中的数据减一,不等于 0 就转到 TT, R5 中的数据为多少,就会转到 TT 几次. R5 可以用内部 RAM 的单元地址和其 他寄存器替代.

2. 我们学到的新方法——子程序参数设置

在程序中,"正转高速""反转高速""正转低速""反转低速"四个程序段共用了一个子程序"YUN",却能实现四种不同运行效果.原因有二:

(1)程序中设置了正反转数据表"TAB1""TAB2",而在每次调用"YUN"之前均根据转向给 DPTR 赋值,指向不同的数据表格,子程序"YUN"根据 DPTR 中的值寻找正反转数据.

(2)程序中只使用了一个延时子程序,但延时时间受 R2 的控制,每次调用"YUN"之前就给 R2 赋予不同的值即可实现时间长短的改变.

由此可见,巧妙改变子程序的参数可以减少程序的书写量.

3. 我们学到的新技能

(1)我们学会了怎样通过人机接口设备向单片机发布命令,便于在系统运行过程中进行干预.

(2)我们学习了一种新的电机——步进电机,认识到步进电机与直流电机不同的控制原理,拓宽了眼界,并实现了步进电机的简单控制.

思考与练习

1. 如果步进电机采用双三拍工作,按照 AB—BC—CA 的通电顺序,数据应该是_____、_____、_____.（3分）

2. 指令"JNB"的功能是为"0"转移,和它对应的有一条指令是"JB",功能是为"1"转移下面有一段程序,阅读程序并根据指令的功能填空.（5分）

```
        ORG     0000H
        MOV     P2    ，#90H
        JB      P2.0  ，L0
        SETB    P1.0
        SJMP    $
L0:     CLR     P1.0
        SJMP    $
        END
```

P1.0=_____

单片机原理与实训

3. 阅读程序填空(2 分)

```
        ORG     0000H
        MOV     A       ,     ＃78H
        CJNE    A       ,     ＃06H   ,    L1
        CLR     P2
        SJMP    $
L1：    CLR     A
        SJMP    $
        END
```

被清零的单元是_____.

4. 将图 3-7 中的按键换成纽子开关,编写相同功能的控制程序.(10 分)

项目三学习评价表

学生姓名			日期		

理论知识(20分)				师评	

技能操作(60分)				师评	

序号	评价内容	技能考核要求	任务评价		
1	键控直流电机	(1)完成模块制作并实现与主机连接; (2)能完成"技能训练"任务。	完成任务情况: 任务得分:		
2	步进电机控制器		完成任务情况: 任务得分:		

学生专业素养(20分)			自评	互评	师评
序号	评价内容	专业素养评价标准			
1	技能操作规范性(10分)	遵守用电规范 正确使用仪器、设备 操作场所清洁好			
2	基本素养(10分)	参与度好,团队协作好 纪律好 无迟到、早退			

综合评价	

单片机原理与实训

项目四　电子时钟

本项目将学习带数字显示的时钟.项目采用循序渐进的方式分别在不同任务中穿插定时和中断的学习,最后完成电子时钟的制作.

本项目学习目标

项目知识目标

知道定时器的基本原理、中断系统的基本概念;掌握初始化方法.

项目技能目标

能编写简单的定时、中断控制程序;能利用定时器与中断完成实际的控制任务.

任务一　键控流水灯

一、任务描述

1. 情景导入

流水灯顾名思义,灯的效果是可以变换的.流水灯的动态效果可以定时地变换,也可以通过开关进行切换.在本次任务中我们将使用按键切换灯的效果.

2. 任务目标

通过本次任务的完成,掌握中断的基本概念,学会使用按键申请中断完成流水灯效果的控制.

二、任务实施

★ *活动一　学一学*

1. 认识中断系统

(1)中断的概念

当中央处理器 CPU 正在处理某事件时外界发生了更为紧急的请求,要求 CPU 暂停当前的工作,转而去处理这个紧急事件,处理完毕后,再回到原来被中断的地方,继续原来的工作,这样的过程称为中断.

单片机的中断功能使得它可以分时指挥多个设备工作.

(2)AT89S52 的中断源

中断源就是向 CPU 发出中断请求的设备和事件.AT89S52 共有六个中断源:2 个外部中断源($\overline{INT0}$和$\overline{INT1}$)、3 个定时器中断源(定时器 0、1 和 2)和 1 个串行中断源,其中外部中断源是便于外部设备向单片机申请中断.

当单片机接到各中断源发出的中断请求后会在执行完当前指令后转到固定的存储器位置(中断入口)执行程序(中断服务子程序)后返回.各中断源入口及使用引脚见表 4-1.

表 4-1 AT89S52 中断源

中断源		引脚	中断入口
外部中断 0($\overline{INT0}$)		P3.2	0003H
定时器 0(T0)中断		P3.4	000BH
外部中断 1($\overline{INT1}$)		P3.3	0013H
定时器 1(T1)中断		P3.5	001BH
串行口中断	接收	P3.0	0023H
	发送	P3.1	
定时器 2(T2)中断		P1.0	002BH

（3）中断控制

在单片机中有一系列的特殊功能寄存器在控制着中断的工作,下面我们来认识一下.

中断允许控制寄存器 IE

IE 控制着 CPU 对每一个中断源的开放与关闭.IE 实现两级控制,EA 决定 CPU 对中断请求的关闭与开放,在 EA 允许 CPU 开放情况下,各中断源由对应中断允许控制位进行中断允许控制.使用时,数据位置"1",表示允许中断,置"0"表示禁止中断.

中断允许控制寄存器 IE:

数据位	D7	D6	D5	D4	D3	D2	D1	D0
名称	EA		ET2	ES	ET1	EX1	ET0	EX0
受控中断源	总控制		T2	串行口	T1	INT1	T0	INT0

定时器/计数器控制寄存器 TCON

TCON 为定时器/计数器的控制器,它也锁存外部中断请求标志,其格式如下:

数据位	D7	D6	D5	D4	D3	D2	D1	D0
名称	TF1	TR1	TF0	TR0	IE1	IT1	IE0	IT0

与中断有关的控制位共 6 位,详见表 4-2.

表 4-2 TCON 每位的功能

IE0	外部中断 0 请求标志
IE1	外部中断 1 请求标志
IT0	外部中断 0 请求信号触发方式控制标志
IT1	外部中断 1 请求信号触发方式控制标志
TF0	定时器/计数器 0 溢出中断请求标志
TF1	定时器/计数器 1 溢出中断请求标志

小贴士

IT0、IT1 与外部中断有关.若 IT0(1T1)=0,设定 $\overline{INT0}/\overline{INT1}$ 为电平触发方式,低电平有效;若 IT0(1T1)=1,设定 $\overline{INT0}/\overline{INT1}$ 为脉冲触发方式,负脉冲有效.

串行口控制寄存器 SCON

数据位	D7	D6	D5	D4	D3	D2	D1	D0
名称	SM0	SM1	SM2	REN	TB8	RB8	TI	RI

与中断有关的控制位共 2 位,详见表 4-3.

表 4-3　SCON 中断位含义

名称	功能
TI	串行口发送中断请求标志
RI	串行口接收中断请求标志

中断优先级控制寄存器 IP

MCS-51 有两个中断优先级,每一个中断源可编程为高优先级中断或低优先级中断,优先级排列以便 CPU 对所有中断实现两级中断嵌套.CPU 通过内部硬件查询,确定优先响应哪一个中断请求.按自然优先顺序由硬件形成,排列如下:

中断源　　　响应优先顺序

$\overline{INT0}$　　　　最高

T0

$\overline{INT1}$

T1

串行口

T2　　　　最低

MCS-51 片内有一个中断优先级寄存器 IP,用户可用软件设定的方法,控制各中断源的优先级别.IP 各位定义表 4-4.

数据位	D7	D6	D5	D4	D3	D2	D1	D0
名称			PT2	PS	PTl	PXl	PT0	PX0
受控中断源			T2	串行口	T1	INT1	T0	INT0

小贴士

IE、TCON、IP 是可以位操作的.

2.中断系统的初始化

从前面的描述可以知道,MCS-51 单片机中断系统的工作受几个控制寄存器内容的控制.因此,MCS-51 单片机中断系统在使用之前必须进行通过程序修改相应的中断控制寄存器的内容,使其按照我们的意志进行中断工作,如接受哪个中断源的中断请求、哪个中断源的请求优先处理等.

(1)中断的允许/禁止

CPU 接受或拒绝哪个中断源的中断请求受中断允许控制寄存器 IE 的控制,修改 IE 内容即可决定中断的允许/禁止.

假设要求计算机允许 $\overline{INT0}$ 和 T0 中断,禁止其他三个中断源中断,实现方法如下:

思路分析:IE 中的 EA 相当于总开关,必须允许;EX0、ET0 分别相当于 INT0、T0 分开关,必须允许.而从前面的学习中我们已知,允许即是为 1.因此,只要 EA、EX0、ET0 为 1,其他位为 0 即可.

方法一:　MOV　IE ,　♯10000011B　;EA、EX0、ET0 为 1,其他位为 0

方法二:　SETB　EA

　　　　　SETB　EX0

　　　　　SETB　ET0

（2）中断的优先

在两个或两个以上的中断源同时向 CPU 提出请求的情况下，CPU 将按照单片机断源的先后顺序对优先级别高的中断源先处理. 如果要改变默认的顺序排列，就要修改中断优先权控制寄存器 IP 的内容.

假设 CPU 允许 INT0 和 T0 中断，并且要求 T0 的优先级别高于 $\overline{INT0}$，实现方法如下：

思路分析：在图 5-4 的默认顺序中，$\overline{INT0}$ 的优先级别高于 T0，因此，必须修改 IP 的内容. 而从前面的学习中我们已知，T0 的优先控制开关为 PT0，且优先即是为 1.

方法一： MOV IP ，♯10000010B ； 其他位为 0 ，即 T0 优先

方法二： SETB PT0

（3）外部中断请求信号的约定

外部中断 0 和外部中断 1 是留给单片机的外部设备申请中断的. 而外部设备的请求信号因设备不同而有所区别，分为低电平（电平触发）和负脉冲（负边沿）两种. 具体使用时应根据设备的实际信号事先与单片机进行约定. 方法就是修改定时控制寄存器 TCON 中 IT0 和 IT1 两位的内容.

假设 CPU 允许 $\overline{INT0}$，且 $\overline{INT0}$ 的设备发出的中断请求信号为负脉冲，实现方法如下：

SETB IT0

★ **活动二 做一做**

1. 搭积木

本次的任务目标是使用按键申请中断完成流水灯效果的控制. 将使用到主机模块、灯光模块及指令模块.

按照图 4-1 所示原理连接电路，完成后的模块如图 4-2 所示.

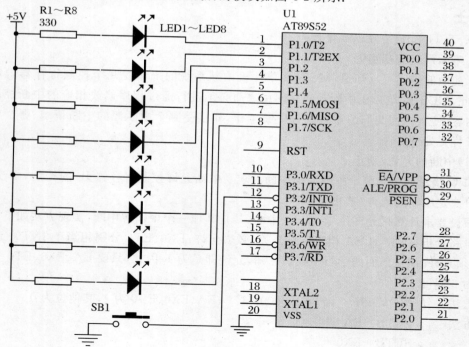

图 4-1 电路原理图

单片机原理与实训

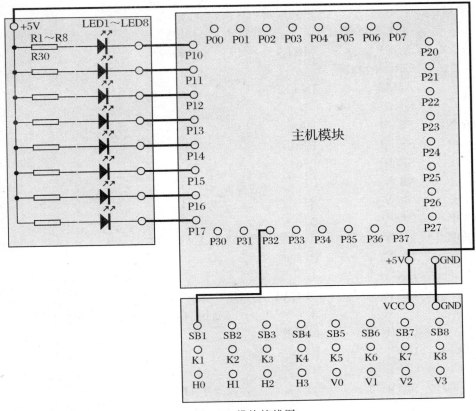

图 4-2 模块接线图

2. 编写程序

按照任务目标编写的流程图如图 4-3 所示.

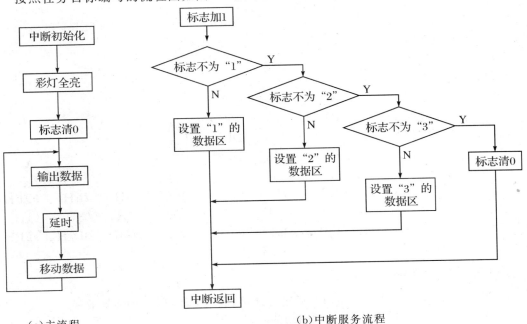

（a）主流程　　　　　　　　　　　　　　（b）中断服务流程

图 4-3 流程图

参考程序

```
                ORG 0000H
                AJMP        MAIN
                ORG 0003H
                AJMP        INTER0
                ORG 0030H
MAIN：  SETB        EA                              ;
                SETB        EX0
                SETB        IT0
                MOV         P1      ,   #00H
                MOV         R7      ,   #00H
LOOP：  CLR         A
LOOP1： MOVC       A       ,   @A＋DPTR
                MOV         P1      ,   A
                INC          A
                LCALL       DELAY
                CJNE        A       ,   #08H       ,   LOOP1
                LJMP        LOOP
INTER0： INC         R7
INTER1： CJNE        R7      ,   #01        ,   INTER2
                MOV         DPTR    ,   #TAB1
                LJMP        INTER4
INTER2： CJNE        R7      ,   #02        ,   INTER3
                MOV         DPTR    ,   #TAB2
                LJMP        INTER4
INTER3： CJNE        R7      ,   #03        ,   INTER5
                MOV         DPTR    ,   #TAB3
INTER5： MOV         R7      ,   #00H
INTER4： RETI
DELAY： MOV         R2      ,   #255
DL2：    MOV         R1      ,   #255
DL1：    DJNZ        R1      ,   DL1
                DJNZ        R2      ,   DL2
                RET
TAB1：   DB    01H,  03H,  07H,  0FH,  1FH,  3FH,  7FH,  0FFH
TAB2：   DB    0FFH, 7FH,  3FH,  1FH,  0FH,  07H,  03H,  01H
TAB3：   DB    0E7H, 0C3H, 81H,  00H,  81H,  0C3H, 0E7H, 0FFH
                END
```

★ 活动三　技能训练

(1)将 LED 模块与主机模块的 P2 口进行连接,实现 LED 的各种闪烁效果.

(2)将指令模块换成$\overline{INT1}$,实现相同功能.

记录表

技能训练 1 记录表

硬件连接图	
控制程序	
调试结果	

记录表

硬件连接图	
控制程序	
调试结果	

单片机原理与实训

82

任务二 定时器

一、任务描述

1. 情景导入

各种 LED 的闪烁时间间隔可以根据自己的需要改变,达到不同的效果.

2. 任务目标

通过控制流水灯定时切换灯的动态效果学会定时/计数器的使用.

二、任务实施

★ 活动一 学一学

1. 认识定时/计数器

(1)定时器/计数器概述

定时器/计数器是单片机硬件结构中一个重要组成部分,在由单片机构成的测控系统中,常要用定时器/计数器,例如定时检测某个物理参数,按一定的时间间隔进行某种控制,对某个事件发生的次数加以计数等等.硬件构成的我们可以在使用上有不占用 CPU 时间的优点,提高了 CPU 的效率.

MCS-51 单片机内部的定时器/计数器有 2 个(AT89S52 有 3 个),分别称为 T0、T1.它们都是十六位加 1 计数结构,分别由 TH0 和 TL0 及 TH1 和 TL1 两个 8 位计数器构成,每个定时器/计数器都具有定时和计数两种功能.我们可以通过编程的方法由定时器方式寄存器 TMOD 设定定时器的工作方式,由定时器控制寄存器 TCON 启动和停止计数器,并控制定时器的状态.

(2)定时/计数原理

定时原理如图 4-4 所示.

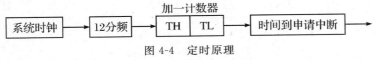

图 4-4 定时原理

定时器用作定时时,计数脉冲来自单片机的内部,每过一个机器周期产生一个计数脉冲,计数器加 1,直到计数器计满溢出.由于一个机器周期由 12 个时钟周期组成,且时钟振荡频率是固定的,则在已知振荡频率和计数器初值时,可以计算出定时时间.计数器的频率是时钟振荡频率的 1/12.

计数原理如图 4-5 所示.

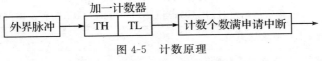

图 4-5 计数原理

定时器用作计数时,计数脉冲来自单片机的外部,通过引脚 T0、T1 或 T2 加在定时器 T0、T1 或 T2 上.外部输入脉冲每来一个负跳变(1→0),计数器加 1,因此计数功能实质就是对外来脉冲进行计数.

(3)定时/计数器的控制

定时器/计数器的方式寄存器 TMOD

8 位的专用寄存器,字节地址为 89H,复位地址为 00H,高 4 位控制 T1、低 8 位控制 T0.

数据位	D7	D6	D5	D4	D3	D2	D1	D0
名称	GATA	C/T	M1	M0	GATA	C/T	M1	M0
受控设备	T1				T0			

各位的意义见表 4-4.

表 4-4 TMOD 各位说明

名称	说明
GATE	门控位:当 GATE=0 时,只要用软件使 TR0(或 TRl)置 1 就可以启动定时器 T0(或 T1);当 GATE=1 时,只有 $\overline{INT0}$(或 $\overline{INT1}$)引脚为高电平且由软件使 TR0(或 TRl)置 1 时,才能启动定时器工作.
C/T	功能选择位:C/T=0,为定时方式;C/T=1,为计数方式.
M1 M0	M1、M0:工作方式控制位.

表 4-5 定时计数器的工作方式

M1 M0	工作方式	说明
0 0	方式 0	13 位定时/计数器. 2^{13}=8192.
0 1	方式 1	16 位定时/计数器,2^{16}=65536.
1 0	方式 2	自动再装入 8 位计数器.
1 1	方式 3	定时器 0:分为两个 8 位计数;定时器 1:对外部停止计数.

定时器/计数器控制寄存器 TCON

数据位	D7	D6	D5	D4	D3	D2	D1	D0
名称	TF1	TR1	TF0	TR0	IE1	IT1	IE0	IT0

各位的意义见表 4-6.

表 4-6 TCON 各位功能

名称	说明
TF1、TF0	定时器 1、0 溢出标志位:当定时器 1(0)计满数产生溢出时,由硬件自动置 TF1(0)=1. 在中断允许时,向 CPU 发出定时器 1(0)的中断请求,进入中断服务程序后,由硬件自动清 0. 在中断屏蔽时,TF1(0)可作查询测试用此时只能由软件清 0.
TR1、TR0	定时器 1、0 运行控制位:软件置 1 或清 0 来启动或关闭定时器 1(0). 当 GATE=1,且为高电平时,TR1(0)置 1 启动定时器 1(0);当 GATE=0 时,TR1(0)置 1 即可启动定时器 1(0)
IE1、IE0	外部中断 1、0 请求标志位.
IT1、IT0	外部中断 1、0 触发方式选择位.

2. 初始化

MCS-51 定时器/计数器的工作方式和工作过程是可由程序控制的,在使用定时器/计数器时,首先要通过软件对它进行初始化.

(1)给定时器方式寄存据 TMOD 赋值,确定工作方式.

（2）确定定时器/计数器初值.

定时器/计数器的初值决定着定时时间或计数长度,初始化时直接将初始值写入 TH0、TH1 或 TH1、TL1.定时器/计数器是在初值的基础上加 1 计数,并能在计数器从全 1 变为全 0 时自动产生溢出中断请求.若计数器的最大值为 M(不同工作方式下,M 可为 2^{13}、2^{16}、2^8),设置的初值为 X,则满足如下计算通式:

计数方式时,计数值＝M－X;

$$初值 X＝M—计数值$$

定时方式时,定时时间 $t＝(M－X)×Tosc$ (Tosc 为机器周期);

$$初值 X＝M－t/Tosc$$

（3）根据需要开放定时器中断.

对中断允许寄存器 IE、中断优先级寄存器 lP 赋值.

（4）启动定时器.

给定时器控制寄存器 TCON 送命令字使 TR0、TR1 置 1,定时器即按设定好的工作方式和初值开始定时或计数.

★ *活动二　做一做*

1. 搭积木

这次使用定时器每隔 2S 切换流水灯的效果,使用 LED 模块、主机模块.电路原理图如图 4-6 所示,模块图如图 4-7 所示.

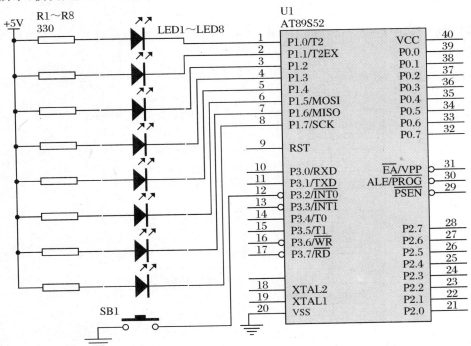

图 4-6　流水灯电路原理

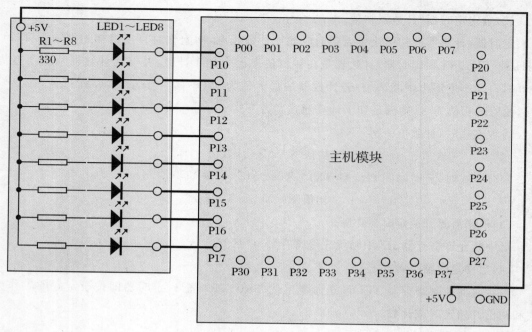

图 4-7 流水灯模块图

2. 编写程序

要求使用选用 T1 方式 1 产生 10 ms 定时,每隔 2 秒改变一次灯的状态.设单片机晶振频率 fosc=12 MHz.

计数器初值计算,因为机器周期 Tosc=1 μs,所以计算出的计数初值为 0D8F0H,并送到 TH1、TL1.

程序流程如图 4-8 所示.

图 4-8   流程图

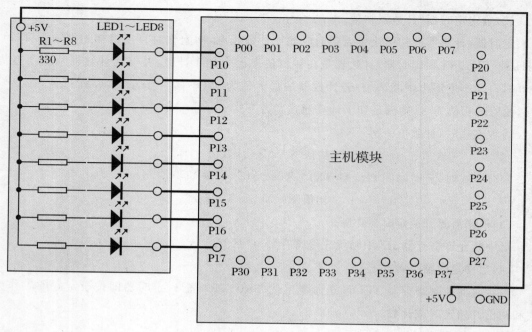

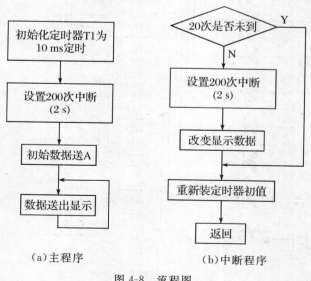

参考程序

```
        ORG     0000H
        AJMP    MAIN
        ORG     001BH
        AJMP    TIM1
        ORG     0030H
MAIN：   SETB    EA
        SETB    ET1
        MOV     TMOD    ，  ＃10H
        MOV     TH1     ，  ＃0D8H
        MOV     TL1     ，  ＃0F0H
        MOV     R7      ，  ＃200
        SETB    TR1
        MOV     A       ，  ＃0FEH
LOOP：   MOV     P1      ，  A
        LJMP    LOOP
TIM1：   DJNZ    R7      ，  LOOP1
        MOV     R7      ，  ＃200
        RL      A
        MOV     TH1     ，  ＃0D8H
        MOV     TL1     ，  ＃0F0H
LOOP1：  RETI
        END
```

★ *活动三　技能训练*

(1)改变定时时间为 5 s,实现灯的效果切换.

(2)使用 T0 实现 2 s 定时切换效果.

记录表

技能训练 1 记录表

硬件连接图	
控制程序	
调试结果	

技能训练 2 记录表

硬件连接图	
控制程序	
调试结果	

任务三 带数显的数字时钟

一、任务描述

1. 情景导入

在很多地方都可以看到数显的数字时钟,例如汽车里、电子手表、微波炉、洗衣机等等很多电子产品上都能看到数字时钟,我们将学习制作带 LED 数码显示的电子时钟.

2. 任务目标

设计带数字显示的数字时钟,通过任务的完成,实现定时器、中断的综合应用.

二、任务实施

本次任务的实施比较特殊.

★ 活动一 搭积木

本次任务将使用到 LED 数码管模块、主机模块,按照项目二任务二的模块接线图将主机与数码管模块连接起来.电路原理图和模块接线图参看图 2-16 和图 2-18.

★ 活动二 编写程序

首先进行程序流程的分析.

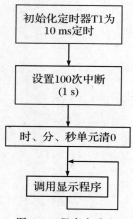

图 4-9 程序主流程

程序整体设计思路简单,只要对定时器进行初始化,将时间单元清 0 即可持续调用显示程序显示时间单元的内容.

在 1 s 时间到达时,在定时器的中断服务子程序中完成时间单元的修改后返回到显示程序继续显示.

显示程序的工作只负责将时间单元的内容进行显示.

整个程序采用模块式的设计,结构简单,容易阅读.定时器的中断服务子程序和显示子程序见图 4-10.

小贴士

显示程序我们在项目二任务二中已经详细学习过,请自己进行编写.

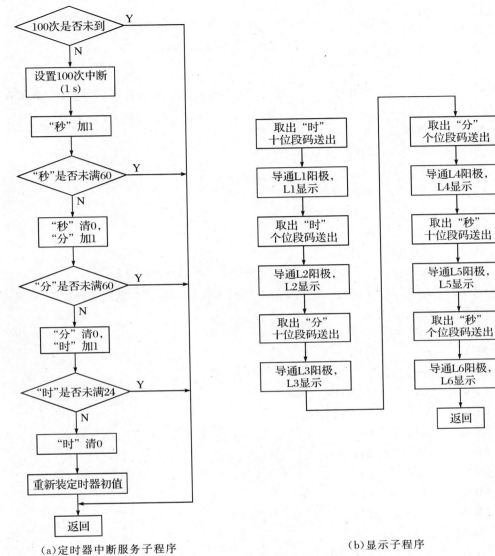

(a)定时器中断服务子程序　　　　　　　　(b)显示子程序

图 4-10　子程序流程

下面我们来看比较陌生的时间单元修改程序.首先按照表 4-7 的单元分配表放置内容.

表 4-7　单元分配表

RAM 单元	30H	31H	32H	33H	34H	35H
内容	"秒"个位	"秒"十位	"分"个位	"分"十位	"时"个位	"时"十位

定时器中断参考程序

```
TIM1：DJNZ    R7  ，  L1
      MOV     R7  ，  ♯100
      MOV     A   ，  30H
      INC     A
      CJNE    A   ，  ♯0AH ， L1
```

```
        CLR     A
        MOV     30H  ,  A
        MOV     A    ,  31H
        INC     A
        CJNE    A    ,  ＃06H  ,  L1  ；"秒"未满60 s直接返回,否则"秒"单元清0
        CLR     A
        MOV     31H  ,  A
        MOV     A    ,  32H
        INC     A
        CJNE    A    ,  ＃0AH  ,  L1
        CLR     A
        MOV     32H  ,  A
        MOV     A    ,  33H
        INC     A
        CJNE    A    ,  ＃06H   ,  L1  ；"分"未满60 min直接返回,否则"分"单元清0
        CLR     A
        MOV     33H  ,  A
        MOV     A    ,  34H
        INC     A
        CJNE    A    ,  ＃0AH  ,  L2
        CLR     A
        MOV     34H  ,  A
        MOV     A    ,  35H
        INC     A
        MOV     35H  ,  A
L2:     MOV     A    ,  35H
        SWAP    A
        ORL     A    ,  34H
        CJNE    A    ,  ＃24H  ,  L1  ；"时"未满24 h直接返回,否则"时"单元清0
        MOV     34H  ,  ＃00H
        MOV     35H  ,  ＃00H
L1:     MOV     TH1  ,  ＃0D8H
        MOV     TL1  ,  ＃0F0H
        RETI
```

★ **活动三 技能训练**

完善程序,并将整个系统程序输入计算机进行调试.

记录表

技能训练记录表

硬件连接图	
控制程序	
调试结果	

知识驿站

1. 我们学到的新知识点

（1）我们接触到中断的概念及程序的编写，认识到了一种新的高效率设备控制方式——中断.

（2）我们掌握了定时器的工作原理和程序的编写，在时间控制上除了使用延时子程序之外又多了一种途径，并且采用定时器中断的方式能提高 CPU 的工作效率.

（3）我们学到的新指令

控制转移指令 CJNE　　A　，　♯data　，　rel ；　若（A）不等于数♯data，则跳转到 rel

中断返回　　　RETI　　　　　　　　　　；　中断返回

2. 我们学到的新方法——模块化程序设计

在任务三中采用模块化程序设计的方法，简化程序结构，提高程序的可读性.

5. 我们学到的新技能

（1）我们学会了中断和定时器的使用，并且可以使用外部中断和定时器中断完成流水灯的各种闪烁效果切换.

（2）我们制作了电子时钟，这是一个综合性很高的项目，训练了学习单片机以来的大部分知识与技能的使用.

思考与练习

1. 单片机的时钟频率为 12 MHz，T0 工作在方式 1，若要求定时时间分别为 0.1 ms、1 ms、10 ms，计数初值分别是＿＿＿＿＿＿＿、＿＿＿＿＿＿＿、＿＿＿＿＿＿＿.（6 分）

2. 注释下列指令的功能.（14 分）

```
        ORG 0000H
        AJMP        MAIN
        ORG 000BH                           ; _____
        AJMP        TIM1
        ORG 0030H
MAIN：  SETB        EA
        SETB        ET0
        MOV         TMOD    ，  ♯01H        ; _____
        MOV         TH0     ，  ♯0D8H
        MOV         TL0     ，  ♯0F0H
        MOV         R7      ，  ♯100
        SETB        TR0                     ; _____
        MOV         A       ，  ♯0FEH
LOOP：  MOV         P1      ，  A
        LJMP        LOOP
TIM0：  DJNZ        R7      ，  LOOP1       ; _____
```

```
              MOV       R7          ,   #100
              RL        A
              MOV       TH0         ,   #0D8H
              MOV       TL0         ,   #0F0H
LOOP1：       RETI                              ;  _____
              END
              ORG 0000H
              AJMP      MAIN
              ORG 0013H
              AJMP      INTER0
              ORG 0030H
MAIN：        SETB      EA                                ;  _____
              SETB      EX1                               ;  _____
              SETB      IT1                               ;  _____
              MOV       P1          ,   #00H
              MOV       R6          ,   #06H
              MOV       R7          ,   #00H
LOOP：        CLR       A
LOOP1：       MOVC      A           ,   @A+DPTR           ;  _____
              MOV       P1          ,   A
              INC       A
              LCALL     DELAY
              CJNE      A           ,   #06H      ,   LOOP1    ;  _____
              LJMP      LOOP
INTER1        INC       R7
INTER1：      CJNE      R7          ,   #01       ,   INTER2   ;  _____
              MOV       DPTR        ,   #TAB1
              LJMP      INTER4
INTER2：      CJNE      R7          ,   #02       ,   INTER3   ;  _____
              MOV       DPTR        ,   #TAB2
              LJMP      INTER4
INTER3：      CJNE      R7          ,   #03       ,   INTER4   ;  _____
              MOV       DPTR        ,   #TAB3
              MOV       R7          ,   #00H
INTER4：      RETI
DELAY：       MOV       R2          ,   #255
DL2：         MOV       R1          ,   #255
DL1：         DJNZ      R1          ,   DL1
              DJNZ      R2          ,   DL2
              RETI
```

项目四学习评价表

学生姓名			日期		
理论知识(20 分)				师评	

技能操作(60 分)				师评	
序号	评价内容	技能考核要求	任务评价		
1	键控流水灯		完成任务情况:		
			任务得分:		
2	定时器	(1)完成模块制作并实现与主机连接;(2)能完成"技能训练"任务。	完成任务情况:		
			任务得分:		
3	数显数字钟		完成任务情况:		
			任务得分:		

学生专业素养(20 分)			自评	互评	师评
序号	评价内容	专业素养评价标准			
1	技能操作规范性(10 分)	遵守用电规范正确使用仪器、设备操作场所清洁好			
2	基本素养(10 分)	参与度好,团队协作好纪律好无迟到、早退			

综合评价					

96

*项目五 音乐播放器

本项目将学习如何利用单片机控制发声元件发出声音.项目选取了生活中常见的扬声器作为被控器件,使其在单片机的控制下按规定的节奏发出声音.

本项目学习目标

项目知识目标

认识扬声器、蜂鸣器、三极管等元件;学习相应的程序设计知识与编程技巧.

项目技能目标

学会如何组装单片机的音乐控制电路,并能编写、调试音乐控制程序.

任务一 单片机控制扬声器发声

一、任务描述

1.情景导入

从简单的报警器到复杂的音乐播放器,单片机控制的发声设备在生活中随处可见.单片机是如何让扬声器发出美妙动听的音乐的呢?下面我们就一起来看一下单片机控制扬声器发声的过程.

2.任务目标

单片机控制扬声器发出不同音调音乐,通过任务的完成拓展音乐知识,掌握单片机控制扬声器的原理.

二、任务实施

★ 活动一 学一学

1.音乐基础知识

我们都知道声音是振动产生的,每一种音调均有其对应的频率.音乐中的 do、re、mi、fa、so、la、xi 这几个音符分别代表着不同的频率.简而言之,每首音乐其实就是不同声音频率的组合.因此,只要将相应频率的电信号加至扬声器两端,扬声器就会发出相对应的声音,而声音的长短则取决于电信号持续的时间.

2.单片机产生音频脉冲信号

单片机控制扬声器唱歌其实并不神秘,原理就是利用单片机产生频率与音调对应的脉冲.在实际的操作中通常利用定时器来完成这项工作.

(1)单片机发声原理

单片机与扬声器的简单连接如图 5-1 所示.

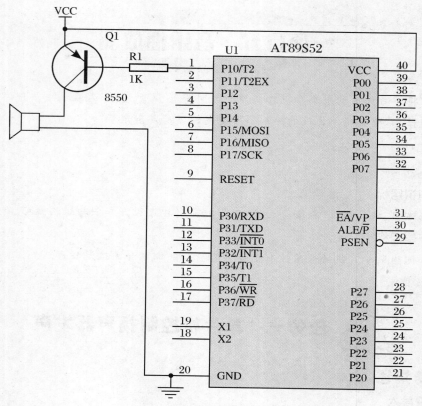

图 5-1　单片机与扬声器连接

P1.0 的信号与扬声器的工作状态关系如表 5-1 所示.

表 5-1　P1.0 的信号与扬声器的工作状态

P1.0 的信号					
8550 状态	导通	截止	导通	截止	导通
扬声器状态	通电	断电	通电	断电	通电
现象	扬声器发声				

只要控制 P1.0 按照一定的频率产生脉冲就能使扬声器发出某个音调.

(2)音调的控制

要想控制音调,必须使脉冲的频率符合该音调的要求.例如,中音 1 的频率为 523 Hz,则周期 T 为 1/523 s,而单片机应每隔 T/2 就控制 P1.0 翻转一次,这样就可以控制扬声器发出中音 1.如果已知单片机的时钟和音频,则通过改变定时器的定时时间的方法很容易实现音调的控制.我们搭建的主机模块是采用 12 MHz 的频率,如果定时器采用方式 1 进行定时,则可以根据项目四的方法计算出每一种音调要求的计数初值.音调、频率、方式 1 下初值之间的关系见表 5-1.

(3)节拍的控制

节拍的控制可以通过延时程序来实现.例如,1 拍延时 0.5 s,1/2 拍延时 0.25 s,1/4 拍延时 0.125 s,依次类推.

表 5-2　音调、频率、方式 1 下初值之间的关系

低音	频率	初值	中音	频率	初值	高音	频率	初值
1	262	F88CH	1	523	FC44H	1	1046	FE22H
2	294	F95BH	2	587	FCACH	2	1175	FE56H
3	330	FA15H	3	659	FD09H	3	1318	FE85H
4	349	FA67H	4	698	FD34H	4	1397	FE9AH
5	392	FB04H	5	784	FD82H	5	1568	FEC1H
6	440	FB90H	6	880	FDC8H	6	1760	FEE4H
7	494	FC0CH	7	988	FE06H	7	1967	FF03H

★ 活动二　做一做

1.扬声器模块制作

了解了相应元件之后,我们便可着手组建硬件电路了.首先按照表 5-2 准备原材料.

表 5-2　原材料清单

名称	型号/标称值	数量
电阻	1 K	1
三极管	8550	1
万能板		1
扬声器	8 Ω/0.5 W	1

按照图 5-2 安装电路.

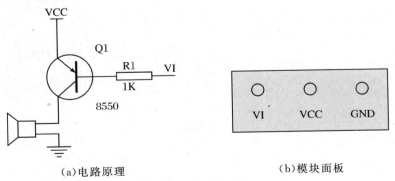

(a)电路原理　　　　(b)模块面板

图 5-2　扬声器电路

2.电路连接

请按图 5-1 所示电路图连接电路,完成之后的模块接线图如图 5-3 所示.

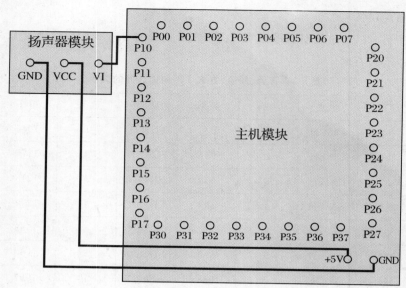

图 5-3 模块接线图

3. 编写程序

编写声音程序,中音 1,一拍;中音 5,1/2 拍.

查表 5-3,T0 初值为 FC44H,发中音 1,T0 初值为 FD82H,发中音 5.

参考程序

```
          ORG 000H
          AJMP        MAIN
          ORG 000BH
          LJMP        TIM0
          ORG 0030H
MAIN:     SETB        EA
          SETB        ET0
          MOV         TMOD    ,    #01H
SONG:     MOV         40H     ,    #0FCH
          MOV         41H     ,    #44H    ;   装入中音1的初值
          SETB        TR0
          LCALL       DELAY
          LCALL       DELAY            ;   1拍延时
          MOV         40H     ,    #0FDH  ；  装入中音5的初值
          MOV         41H     ,    #82H
          LCALL       DELAY            ;   1/2拍延时
          LJMP        SONG
TIM0:     CPL         P1.0
          MOV         TH0     ,    40H
          MOV         TL0     ,    41H
          RETI
DELAY:    略                        ;   0.5 s延时
          END
```

★ 活动三 技能训练

编写如下声音程序

| 1 2 3 1 | 1 2 3 1 | 3 4 5 - | 3 4 5 - |

记录表

技能训练记录表

硬件连接图	
控制程序	
调试结果	

任务二 音乐程序编写

一、任务描述

1. 情景导入

不同的音调组合在一起构成美妙的音乐,我们在任务一中已经能够控制扬声器发声,本次的任务是用单片机演奏优美的乐曲.

2. 任务目标

用单片机控制扬声器完成完整音乐的演奏,学习巧用子程序和数据表格简化程序.

二、任务实施

★ 活动一 学一学

在任务一中我们编写了一段音乐程序,它采用了简单程序结构编写.但同时暴露出一个问题:随着乐曲的增长,程序长度会很冗长.本次任务将采用子程序参数来修改和表格的方式来简化程序.

1. 先唱歌吧

| 1 2 3 1 | 1 2 3 1 | 3 4 5 — | 3 4 5 — |

两只老虎, 两只老虎, 跑得快, 跑得快,

| 5·6 5·4 3 1 | 5·6 5·4 3 1 | 1 5 1 — | 1 5 1 — |

一只没有眼睛, 一只没有耳朵, 真奇怪, 真奇怪.

很好听的一首歌曲,你会唱吗?如果用任务一的办法,程序有点长,我们想办法简化一下.

2. 制作定时器初值表

找出歌曲中所有不同的音符按照音阶排序,列出表5-3.

表5-3 歌曲所用音符及初值表

音符	初值在TAB1中起始位置	初值
中音1	TAB1+0	F C44H
中音2	TAB1+2	FCACH
中音3	TAB1+4	FD09H
中音4	TAB1+6	FD34H
中音5	TAB1+8	FD82H
中音6	TAB1+10	FDC8H

在程序中定义一个表格TAB1.

TAB1:   DB   0FCH,   44H,   0FCH,   0ACH,   0FDH,   09H
                DB   0FDH,   34H,   0FDH,   82H,   0FDH,   0C8H

表中初值的放置顺序按照表5-3的序号摆放中音1~中音6的初值.

3. 编写延时程序

歌曲中最短的拍子为1/4拍(0.125 s),因此只编写一个 N×0.125 s 的延时,N表示其余拍子是1/4拍的倍数,如1拍,N=4;3/4拍,N=3.

参考程序

DELAY：	MOV	R7	，	3
W2：	MOV	R4	，	200
W3：	MOV	R3	，	250
	DJNZ	R3	，	
	DJNZ	R4	，	W3
	DJNZ	R7	，	W2
	DJNZ	R5	，	DELAY
	RET			

R5 就是放置 N 的,在调用 DELAY 子程序之前必须将 N 放入 R5.

4. 制作简谱码

观察歌谱,可以这样看:

演唱顺序	音符初值高位(TH0)在 TAB1 表的位置	N
1	第 0 个	4
2	第 2 个	4
3	第 4 个	4
4	第 0 个	4
5	第 0 个	4

依次类推.

综合步骤二、三,我们可以再制作一个表,表中的代码包含了每个演唱音符的初值信息和节拍信息,成为简谱码,格式如表 5-4.

表 5-4 简谱码格式

高 4 位	低 4 位
表示本次演唱的音符的初值在 TAB1 中的位置	表示本次演唱的音符拍子是 1/4 拍的倍数 N

按照这个思路制作表格 TAB2.

TAB2：DB	04H，	24H，	44H，	04H，	04H，	24H，	44H，	04H
	44H，	64H，	88H，	44H，	64H，	88H，	83H，	0A1H
	83H，	61H，	44H，	04H，	83H，	0A1H，	83H，	61H
	44H，	04H，	04H，	84H，	08H，	04H，	84H，	08H
	00H							

例如,04H 中“0”表示要取的初值位于表 TAB1 的第 0 个位置;“4”表示拍子延时 N＝4 (1 拍)为.单片机取出 04H 后,通过程序将 R5 改为“4”,控制延时 1 s,并从 TAB1 表中取出中音 1 初值的高位送到 TH0,低位送到 TL0 去控制音调.

★ 活动二 做一做

1. 硬件连接

按照图 5-3 完成硬件连接.

103

2. 编写程序

（1）编写流程

程序流程图如图 5-4 所示.

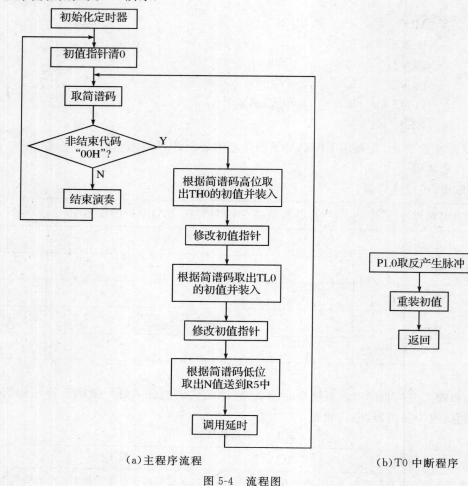

（a）主程序流程　　　　　　　　（b）T0 中断程序

图 5-4　流程图

（2）编写程序

参考程序

```
                ORG 0000H
        AJMP    MAIN
                ORG 000BH
        LJMP    TIM0
                ORG 0030H
MAIN：  MOV     TMOD    ，   ＃01H   ；  初始化 T0
        SETB    EA
        SETB    ET0
START： MOV     60H     ，   ＃00H   ；  取简谱码指针
NEXT： MOV     A       ，   60H     ；  将简谱码指针载入 A
        MOV     DPTR    ，   ＃TAB2  ；  到 TAB2 取简谱码
```

```
           MOVC     A            ,    @A+DPTR
           MOV      61H          ,    A            ;   取到的简谱码暂存于 R2 中
           JNZ      JIANPU                         ;   非结束码转去设置初值和拍子
           CLR      TR0                            ;   结束后重新开始唱
           LJMP     START
JIANPU:    SWAP     A                              ;   保留初值位置代码
           ANL      A            ,    #0FH
           MOV      DPTR         ,    #TAB1
           MOVC     A            ,    @A+DPTR ;    到 TAB1 取 TH0 初值
           MOV      TH0          ,    A            ;   取到的高字节存入 TH0
           MOV      62H          ,    A            ;   取到的高字节存入 62H
           INC      60H                            ;   初值指针加 1
           MOV      A            ,    60H
           MOVC     A            ,    @A+DPTR ;    到 TAB1 取 TL0 初值
           MOV      TL0          ,    A            ;   取到的低字节存入 TL0
           MOV      63H          ,    A            ;   取到的低字节存入 63H
           INC      60H                            ;   初值指针加 1
           MOV      A            ,    61H          ;   重新取入简谱码
           ANL      A            ,    #0FH         ;   保留拍子 N 的代码
           MOV      R5           ,    A            ;   将节拍码放入 R5 中
           SETB     TR0                            ;   启动定时器 0
W1:        LCALL    DELAY                          ;   节拍延时
           LJMP     NEXT                               取下一个简谱码
TIM0:      CPL      P1.0                           ;   脉冲翻转
           MOV      TH0          ,    62H          ;   重装初值
           MOV      TL0          ,    63H
           RETI                                    ;   中断返回
DELAY:     MOV      R1           ,    #3           ;   延时
W2:        MOV      R2           ,    #200
W3:        MOV      R3           ,    #250
           DJNZ     R3           ,
           DJNZ     R2           ,    W3
           DJNZ     R1           ,    W2
           DJNZ     R5           ,    DELAY
           RET
TAB1:      DB       0FCH,    44H,    0FCH,    0ACH,    0FDH,    09H
           DB       0FDH,    34H,    0FDH,    82H,    0FDH,    0C8H
TAB2:  DB   04H,    24H,    44H,    04H,    04H,    24H,    44H,    04H
           44H,    64H,    88H,    44H,    64H,    88H,    83H,    0A1H
           83H,    61H,    44H,    04H,    83H,    0A1H,    83H,    61H
           44H,    04H,    04H,    84H,    08H,    04H,    84H,    08H
           00H
           END
```

运行程序,你能听到美妙的音乐响起.

★ 活动三　技能训练

另外寻找一首歌曲,编写音乐程序.

记录表

技能训练记录表

硬件连接图	
控制程序	
调试结果	

知识驿站

一、我们学到的新知识点

我们知道了扬声器发声的原理,知道了音调与频率及定时器的初值之间的关系.

二、我们学到的新方法

我们学会了巧用表格及子程序参数的设置来简化程序结构的方法.

三、我们学到的新技能

我们能实现单片机对扬声器的控制并能完成音乐程序的编写,你能让单片机唱歌啦!

思考与练习

1.单片机的时钟为 12 MHz,采用 T1 方式 1 定时,中音 3、低音 5、高音 7 的初值分别为
_____、_____、_____.(6 分)

2.编写下面这段音乐的初值表 TAB1 和简谱码表 TAB2.(14 分)

> | i̇ 7 i̇ 7i̇ | 0 7 6 5 |

TAB1:

TAB2:

项目五学习评价表

学生姓名			日期				

理论知识(20分)				师评			

技能操作(60分)				师评			
序号	评价内容	技能考核要求	任务评价				
1	单片机声音程序	(1)完成模块制作并实现与主机连接；(2)能完成"技能训练"任务。	完成任务情况： 任务得分：				
2	音乐程序		完成任务情况： 任务得分：				

学生专业素养(20分)				自评	互评	师评
序号	评价内容	专业素养评价标准				
1	技能操作规范性(10分)	遵守用电规范 正确使用仪器、设备 操作场所清洁好				
2	基本素养(10分)	参与度好，团队协作好 纪律好 无迟到、早退				
综合评价						

单片机原理与实训

* 项目六　交通灯

在本项目中学习怎样用单片机实现十字路口交通灯显示的工作方式.项目涉及在十字路口的两组简易交通灯、带数码管显示的两组交通灯、为行人设置的无障碍智能交通系统.

◖项目学习目标

项目知识目标

认识十字路口交通灯的工作方式;掌握在程序设计中所需的相关功能指令的应用方法.

项目技能目标

能搭建简易的交通灯电路及单片机输入输出通道,能编写相关控制程序

任务一　简易红绿灯

一、任务描述

1. 情景引入

当我们走过一个带有交通灯的十字路口时,我们能看到交通灯总是不停地在交替变化,所有的车辆和行人按交通灯的指示都能安全地行进.那么在没有交警十字路口的交通灯怎么工作的呢？这里我们可以用单片机来实现这个自动控制.

2. 任务目标

通过本次任务,认识十字路口交通灯的变换过程,学会交通灯控制的基本程序.

二、任务实施

★ 活动一　学一学

1. 认识十字路口的交通灯.

如图 6-1 所示,现在,我们来看一个十字路口的示意图.

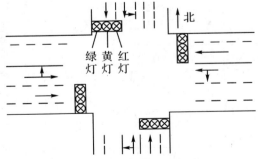

图 6-1　十字路口交通灯简易示图

在图 6-1 中我们可以看到,在十字路口的东、西、南、北四个方向的每条道路上各配有一组红、黄、绿交通信号灯,其中红灯亮,表示该道路禁止通行;黄灯亮表示该道路上未过停车

线的车辆禁止通行,已过停车线的车辆继续通行;绿灯表示该道路允许通行.电路自动控制十字路口两组红、黄、绿交通灯的状态转换,实现十字路口自动化.

2. 分析交通灯工作过程

那么,在这样的一个十字路口交通灯是怎样工作来指挥交通的呢?下面我们看表 6-1 (为方便查看我们把东西方向和南北方向简称为东西和南北)

表 6-1　十字路口交通灯工作状态

状态	信号灯状态	车道运行状态
状态 0	东西绿,南北红	东西车道通行,南北车道禁止通行
状态 1	东西黄,南北红	东西车道缓行,南北车道禁止通行
状态 2	东西红,南北绿	东西车道禁止通行,南北车道通行
状态 3	东西红,南北黄	东西车禁止道通行,南北车道缓行

分析交通灯的工作状态可以看出:往南和往北的信号一致,即红灯(绿灯或黄灯)同时亮或同时熄灭;往东和往西方向的信号一致,其工作方式与南北方向一样.而当南北方向为绿灯和黄灯时,东西向的红灯点亮禁止通行;而东西方向为绿灯和黄灯时,南北向的红灯点亮禁止通行,如此循环,如图 6-2 所示.

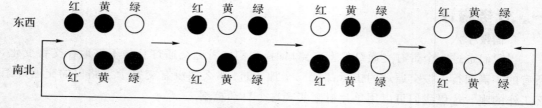

图 6-2　交通灯流程图

★ 活动二　做一做

1. 组建交通灯硬件平台

下面我们来按照交通灯示意图组建一个交通灯的实训模块.

首先按照表 6-2 准备原材料.

表 6-2　原材料清单

名称	型号/标称值	数量
电阻	150Ω	6
红色 LED	直径 3 mm	12
绿色 LED	直径 3 mm	12
黄色 LED	直径 3 mm	4
万能板		1
接线插孔/插座		13

我们使用表 6-2 中的材料按图 6-3 所示的电路结构在万能板上搭建出简易的交通灯模块,完成后的面板如图 6-4 所示.

单片机原理与实训

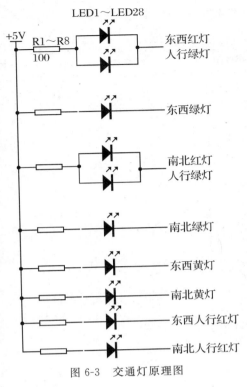

图 6-3　交通灯原理图

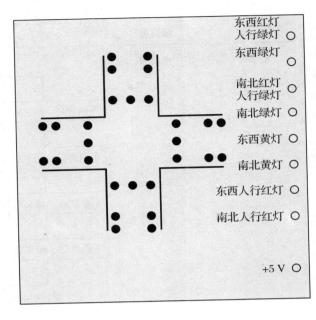

图 6-4　交通灯模块面板图

小贴士

人行道的灯可别漏掉啦!

2. 搭积木

我们把主机模块的 P1.0～P1.7 与交通灯模块按照图 6-5 连接起来,单片机控制的交通灯的电路就搭好了.下面,就是要指挥交通灯工作了.

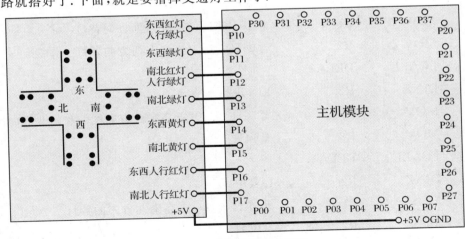

图 6-5　交通灯模块接线图

3. 编写程序

现在我们来完成这个十字路口的控制:东西方向通行时间为 10 s,南北方向通行时间为 10 s,黄灯点亮的时间均为 3 s.在绿灯转为红灯时,要求黄灯亮 3 s 后,才能变换运行车道.则其工作方式如表 6-3 所示循环点亮信号灯.

表 6-3　交通信号灯工作模式

东西方向	红灯亮 13 s		绿灯亮 10 s	黄灯亮 3 s
南北方向	绿灯亮 10 s	黄灯亮 3 s	红灯亮 13 s	

(1)流程图如图 6-6 所示.

图 6-6　交通信号灯流程图

(2)编写程序

参考程序

```
            ORG  0000H
Z0:     MOV      P1      , #0B9H  ; 点亮东西方向绿灯和南北方向的红灯
        MOV      R2      , #14H   ; 设定东西绿灯工作 10 s
LOOP1:  LCALL    DELAY                   ; 延时 500 ms
        DJNZ     R2      , LOOP1
Z1:     MOV      P1      , #0ABH  ; 点亮东西方向黄灯
        MOV      R2      , #06H   ; 设定东西方向黄灯工作 3 s
LOOP2:  LCALL    DELAY
        DJNZ     R2      , LOOP2
Z2:     MOV      P1      , #76H   ; 点亮东西方向红灯和南北方向的绿灯
        MOV      R2      , #14H
LOOP3:  LCALL    DELAY
        DJNZ     R2      , LOOP3
Z3:     MOV      P1      , #5EH   ; 点亮南北方向的黄灯
        MOV      R2      , #06H
LOOP4:  LCALL    DELAY
        DJNZ     R2      , LOOP4
        LJMP     Z0
DELAY:  MOV      R5      , #10    ; 延时 500 ms 子程序
```

D0：	MOV	R6	，	♯200
D1：	MOV	R7	，	♯248
D2：	DJNZ	R7	，	D2
	DJNZ	R6	，	D1
	DJNZ	R5	，	D0
	RET			；　延时子程序结束
	END			

★ *活动三　技能训练*

(1)改变交通灯的接口,完成与做一做相同的控制任务.

(2)将道路绿灯时间改为 30 s,黄灯时间不变,完成控制任务.

记录表

技能训练 1 记录表

硬件连接图	
控制程序	
调试结果	

技能训练 2 记录表

硬件连接图	
控制程序	
调试结果	

任务二 带数显的交通灯

一、任务描述

1. 情景导入

在有交通灯的十字路口,为了让各个方向的行人和车辆有通过的时候有准备,清楚地知道各种信号灯显示的时间,一般都在信号灯出现时伴随有延时时间的倒计时,那么下面我们就来学习怎样在交通灯中应用数字显示.

2. 任务目标

在任务一完成的基础上加入红绿灯时间的显示.

二、任务实施

★ 活动一 做一做

我们这个任务中将使用到的 8 个 LED 数码管,用于显示四个路口的通行时间,因此我们将在交通灯模块新增显示模块.

1. 搭建带数显的交通灯硬件平台

认识了新元件,我们要开始动手做一做了.按照表 6-4 列出的原材料清单做好准备.

下面我们按照图 6-8 在万能板上搭建带数显的交通灯硬件平台.

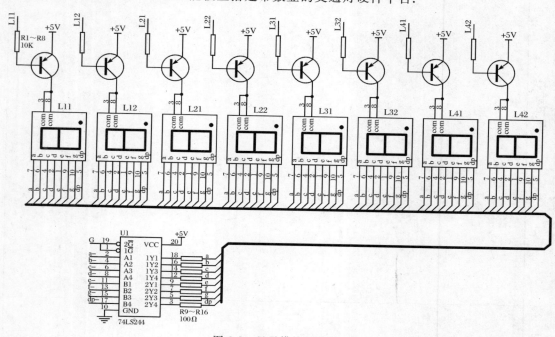

图 6-8 显示模块原理图

小贴士

将 8 个 LED 数码管按照两个一组分别引出,安装在面板的 4 个路口,剩余的元件安装在一块交通灯模块万能板上.

表 6-4　原材料清单

名称	型号/标称值	数量
电阻	100	8
电阻	10 K	8
共阳数码管		8
三极管	9012	8
数据驱动器	74LS244	1
接线插座/插孔		20

2.搭积木

按照表 6-5 将主机模块和交通灯模块连接,面板效果如图 6-9 所示.

表 6-5　主机模块和显示模块引脚连接表

交通灯模块	主机模块
a－～dp－	P0.0～P0.7
L11～L42	P2.0～P2.7
GND、+5V	GND、+5V
G	P3.0
红绿灯	P1.0～P1.5

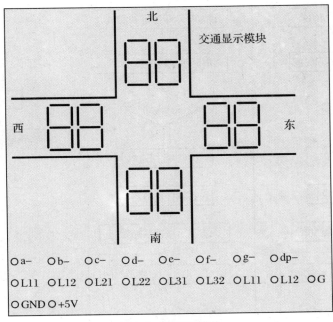

图 6-9　交通灯模块

3.编写程序

(1)流程图

本次任务我们为简化程序结构将使用定时器完成时间控制,使用显示子程序完成数码管显示,分别使用 8 个单元作为数码管的显示缓冲区.具体分配如表 6-6 所示.

表 6-6　显示缓冲区单元分配

单元地址	显示器
30 H	东显示器十位
31 H	东显示器个位
32 H	西显示器十位
33 H	西显示器个位
34 H	南显示器十位
35 H	南显示器个位
36 H	北显示器十位
37 H	北显示器个位

具体流程如图 6-10 所示.

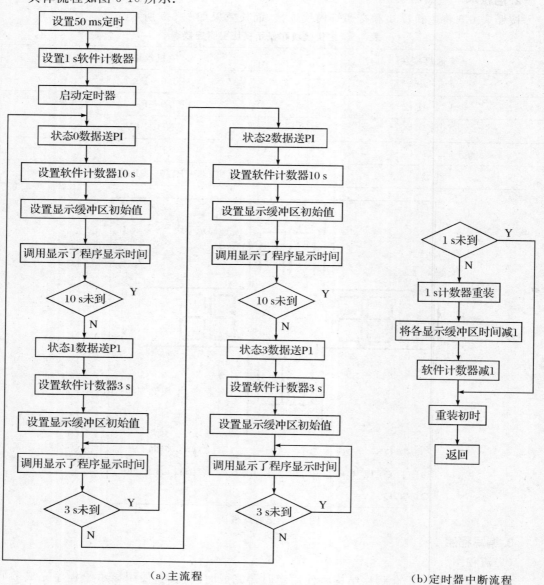

（a)主流程　　　　　　　　　　　　　　　　（b)定时器中断流程

图 6-10 带数显的交通灯流程图

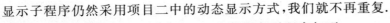

显示子程序仍然采用项目二中的动态显示方式,我们就不再重复.

(2)根据流程图编写的主程序和 T0 中断服务子程序如下.

主程序参考程序

```
        ORG     000H
        AJMP    MAIN
        ORG     000BH
        LJMP    TIM0
        ORG     0030H
MAIN：   MOV     TMOD  ，  ＃01H              ； 设置 50 ms 定时
        MOV     TH0   ，  ＃3CH
        MOV     TL0   ，  ＃0B0H
        MOV     R7    ，  ＃20
START： MOV     P1    ，  ＃0B9H             ； 状态 0
        MOV     R6    ，  ＃10               ； 软件计数器 10 s
        MOV     30H   ，  ＃1                ； 设置数据缓冲区
        MOV     31H   ，  ＃0
        MOV     32H   ，  ＃1
        MOV     33H   ，  ＃0
        MOV     34H   ，  ＃1
        MOV     35H   ，  ＃3
        MOV     36H   ，  ＃1
        MOV     37H   ，  ＃3
Z0：    LCALL DIS                           ； 倒计时显示时间
        CJNE    R6    ，  ＃0      ，  Z0
        MOV     P1    ，  ＃0ABH             ； 状态 1
        MOV     R6    ，  ＃3                ； 软件计数器 3 s
        MOV     30H   ，  ＃0                ； 设置数据缓冲区
        MOV     31H   ，  ＃3
        MOV     32H   ，  ＃0
        MOV     33H   ，  ＃3
Z1：    LCALL DIS
        CJNE    R6    ，  ＃0      ，  Z1
        MOV     P1    ，  ＃76H              ； 状态 2
        MOV     R6    ，  ＃10               ； 软件计数器 10 s
        MOV     30H   ，  ＃1                ； 设置数据缓冲区
        MOV     31H   ，  ＃3
        MOV     32H   ，  ＃1
        MOV     33H   ，  ＃3
        MOV     34H   ，  ＃1
        MOV     35H   ，  ＃0
        MOV     36H   ，  ＃1
        MOV     37H   ，  ＃0
Z2：    LCALL DIS
        CJNE    R6    ，  ＃0      ，  Z2
```

```
        MOV    P1     ,  #5EH              ; 状态 3
        MOV    R6     ,  #3               ; 软件计数器 3 s
        MOV    33H    ,  #0               ; 设置数据缓冲区
        MOV    34H    ,  #3
        MOV    35H    ,  #0
        MOV    36H    ,  #3
Z3：    LCALL  DIS
        CJNE   R6     ,  #0        ,  Z3
        LJMP   START
```

TIM0 中断参考程序

```
TIM0：  PUSH   ACC
        DJNZ   R7     ,  AGAIN
        MOV    R7     ,  #20
        MOV    A      ,  31H
        CLR    C
        SUBB   A      ,  #01H
        JNC    NEXT
        MOV    31H    ,  #09H
        MOV    33H    ,  #09H
        DEC    30H
        DEC    32H
NEXT：  MOV    A      ,  35H
        CLR    C
        SUBB   A      ,  #01H
        JNC    NEXT
        MOV    35H    ,  #09H
        MOV    37H    ,  #09H
        DEC    34H
        DEC    36H
        DEC    R6
AGAIN： MOV    TH0    ,  #3CH
        MOV    TL0    ,  #0B0H
        RETI
```

　　显示程序的功能是将 30H～37H 共 8 个单元的数据依次在数码管 L1～L8 上显示出来.采用的程序编写方法与项目二中的动态显示完全相同.这个任务就交给你啦!

★ 活动二　技能训练

　　(1)完善程序,调试系统.

　　(2)修改程序,以南北方向为主干道,通行时间为 60 s,东西方向是次干道,通行时间为 30 s,黄灯点亮的时间均为 4 s.

记录表

技能训练 1 记录表

硬件连接图	
控制程序	
调试结果	

技能训练 2 记录表

硬件连接图	
控制程序	
调试结果	

任务三 自助式无障碍交通系统

一、任务描述

1. 情景导入

在城市不少交通繁忙的路口,都设置了用起来十分方便的自助式红绿灯.行人过街前,只需按一下灯杆上的按钮,人行道红绿灯在短时间内就会由红转绿.在人多时(即不断有人去按按钮的时候),自助式红绿灯相当于普通红绿灯;而在人少时(即长时间没有人按按钮,例如深夜),马路上就会一直绿灯,提高了车辆通行效率.因此,自助式红绿灯在得到行人肯定的同时,也受到了驾驶员的欢迎,他们完全不必在斑马线上空无一人时停下来等红灯.同时,在盲人过马路的时候因为无法看见红绿灯而显得很困难,那么我们完全可以在人行道两边安装人行道声音提示来解决这个问题.

2. 任务目标

能完成数字显示时间,设置行人紧急通行按钮;为盲人设置人行道声音提示.

二、任务实施

★ 活动一 学一学

1. 设置行人紧急通行按钮

设置行人紧急通行按钮是为了更好地使交通服务于人和更有效的管理交通,那么很显然这里的按钮应用在行人要通过的每一个路口都要设立,如图 6-11 所示.所以,这里我们共需要 8 个按键,每个按键均采用独立式键盘结构,如图 6-12 所示.

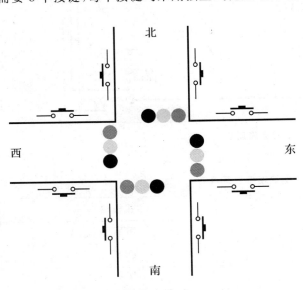

图 6-11 设有行人紧急通行按钮的十字路口

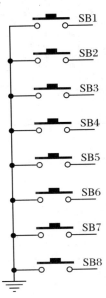

图 6-12 8 个独立式按键的连接电路

2. 认识为盲人设置的人行道声音提示电路

扬声器电路我们已经在前面的项目中学过,现在来复习一下,如图 6-13 所示.按照任务要求,需要设置8个扬声器电路,但我们只进行模拟,就使用一个就可以看出效果了.

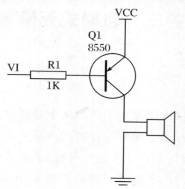

图 6-13　扬声器电路图

★ **活动二　做一做**

1. 搭积木

按照图 6-14 搭建出硬件平台.

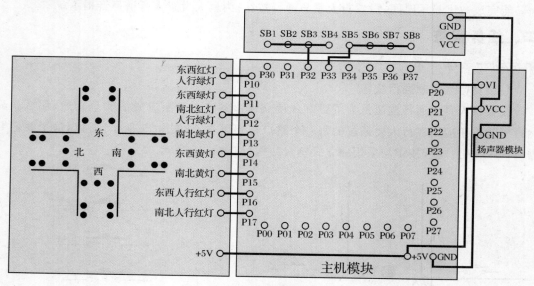

图 6-14　自助式无障碍交通系统

行人紧急通行按钮与主机的连接关系如表 6-7 所示.

表 6-7　模块连接关系表

行人按钮模块、扬声器模块	主机模块
东西向　SB1 SB2 SB3 SB4	$\overline{INT0}$
南北向　SB5 SB6 SB7 SB8	$\overline{INT1}$
VI	P20

2. 编写程序

交通灯正常情况下按照任务一的流程工作,将自助按钮作为中断信号打断正常流程,在中断程序中进行行人放行和声音提示.

单片机原理与实训

(1)流程图

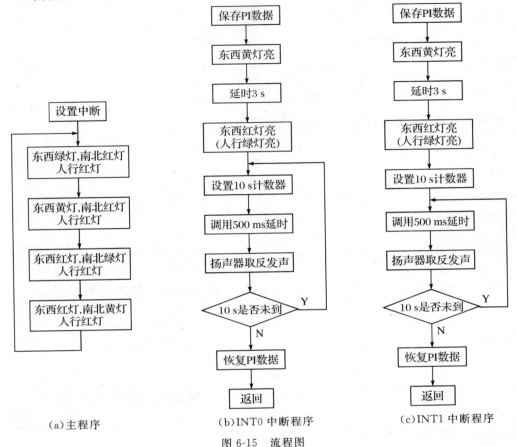

(a)主程序　　　　(b)INT0 中断程序　　　　(c)INT1 中断程序

图 6-15　流程图

(2)根据流程图编写的部分参考程序如下.

主程序参考程序

```
        ORG 0000H
        AJMP        Z0
        ORG 0003H
        LJMP ZZ0
        ORG 0013H
        LJMP ZZ1
Z0：    MOV         P1       ，  ＃39H
        MOV         R2       ，  ＃14H
LOOP1： LCALL       DELAY
        DJNZ        R2       ，  LOOP1
Z1：    MOV         P1       ，  ＃2BH
        MOV         R2       ，  ＃06H
LOOP2： LCALL       DELAY
        DJNZ        R2       ，  LOOP2
Z2：    MOV         P1       ，  ＃36H
        MOV         R2       ，  ＃14H
```

LOOP3：	LCALL	DELAY		
	DJNZ	R2	，LOOP3	
Z3：	MOV	P1	，＃1EH	
	MOV	R2	，＃06H	
LOOP4：	LCALL	DELAY		
	DJNZ	R2	，LOOP4	
	LJMP	Z0		

东西向自助通行参考程序

ZZ0：	MOV	30H	，P1	；P1 数据备份
	MOV	31H	，30H	
	ORL	31H	，＃03H	
	ANL	31H	，＃0EFH	东西向黄灯亮
	MOV	P1	，31H	
	LCALL	DELAY1		；延时 3 s
	MOV	31H	，30H	
	ANL	31H	，＃0FEH	
	ORL	31H	，＃50H	东西向红灯亮（人行绿灯亮）
	MOV	P1	，31H	
	MOV	R6	，＃20	；设置 10 s 延时
AGAIN1：	LCALL	DELAY2		；500 ms 延时
	CPL	P2.0		
	DJNZ	R6	，AGAIN1	
	MOV	P1	，30H	；恢复 P1 数据
	RETI			

南北向自助通行参考程序

ZZ1：	MOV	30H	，P1	；P1 数据备份
	MOV	31H	，30H	
	ORL	31H	，＃0CH	
	ANL	31H	，＃0DFH	；南北向黄灯亮
	MOV	P1	，31H	
	LCALL	DELAY1		；延时 3 s
	MOV	31H	，30H	
	ANL	31H	，＃0FBH	
	ORL	31H	，＃0A0H	南北向红灯亮（人行绿灯亮）
	MOV	P1	，31H	
	MOV	R6	，＃20	；设置 10 s 延时
AGAIN2：	LCALL	DELAY2		；500 ms 延时
	CPL	P2.0		
	DJNZ	R6	，AGAIN2	
	MOV	P1	，30H	；恢复 P1 数据
	RETI			

★ 活动三 技能训练

完善程序，调试运行系统.

记录表

技能训练记录表

硬件连接图	
控制程序	
调试结果	

知识驿站

1. 我们学到的新知识点

(1)我们对于交通常识有了一定的了解,并对车行、人行的交通信号切换规则有一定的认识.

(2)我们使用了一些新的指令

PUSH	ACC	;	将 ACC 单元的数据放入堆栈保存
POP	ACC	;	将堆栈顶部的数据取到 ACC 单元
DEC	R6	;	将 R6 的数据减 1
CLR	C	;	进位(借位)标志清 0
SUBB	A , ♯01H	;	A 数据 1 再减去前次运算中产生的借位
JNC	NEXT	;	无(进位)借位转移到 NEXT
CJNE	R6 , ♯0 , Z2	;	R6 与 0 不相等转移到 Z2

2. 我们学到的新技能

我们搭建了交通信号灯平台,并进行了声、光的综合控制;我们还制作了自助式无障碍交通系统,看看我们的周围,好像还很少见到.是否觉得很自豪?

思考与练习

1.1 s 的定时是怎样实现的?(10 分)

_____

_____

_____

2.项目中如果采用共阴极的数码管,程序会有什么变化?(10 分)

_____

_____

_____

项目六学习评价表

学生姓名			日期		

理论知识(20 分)				师评

技能操作(60 分)				师评

序号	评价内容	技能考核要求	任务评价	
1	简易红绿灯	(1)完成模块制作并实现与主机连接；(2)能完成"练一练"并得到正确效果；(3)能完成"技能训练"任务。	完成任务情况： 任务得分：	
2	带数显的交通灯		完成任务情况： 任务得分：	
3	无障碍智能交通系统		完成任务情况： 任务得分：	

学生专业素养(20 分)			自评	互评	师评
序号	评价内容	专业素养评价标准			
1	技能操作规范性(10 分)	遵守用电规范 正确使用仪器、设备 操作场所清洁好			
2	基本素养(10 分)	参与度好，团队协作好 纪律好 无迟到、早退			
综合评价					

* 项目七　数显温度计

本项目将学习环境温度的检测与显示.项目选取了目前普遍应用的单总线温度传感器DS18B20来检测温度,LED数码管模块进行温度显示.

本项目学习目标

项目知识目标

认识新型温度传感器 DS18B20,学会 DS18B20 的应用.

项目技能目标

能搭建温度测量平台,并进行各功能模块的综合应用;能完成简单的温度的测量,并能实现温度显示.

任务一　认识单总线温度传感器 DS18B20

一、任务描述

1. 情景导入

我们都使用过空调,特别是炎炎夏日,空调的习习凉风让人更觉舒适.而且,空调还能根据使用者的设定温度进行工作.那么空调又是怎样感知环境的温度呢? 清洗空调滤尘网时,打开空调进风口的面板,你会发现一个黑色的类似于三极管的物体,这就是温度传感器.我们将学习使用温度传感器来测量环境温度.

2. 任务目标

通过本次任务的完成,学会 DS18B20 与单片机的连接及编程使用.

二、任务实施

★ 活动一　学一学

1. 认识 DS18B20

只要学习过《传感器技术》或相关课程的人都知道,在自动控制系统中测量温度所采用的传统方式是采用热电阻或者热电偶,但这种方式真正应用起来是很麻烦的.图 7-1 就是热电阻(热电偶)将温度测量信号送到单片机中的流程图.

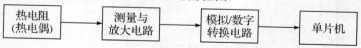

图 7-1　热电阻(热电偶)测量流程

电路元件多,连接线多,意味着信号传输可靠性降低,成本高.因此在越来越多的领域使用低成本、高可靠性的单总线数字传感器,如 DS18B20,它与单片机的连接如图 7-2 所示.

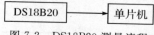

图 7-2　DS18B20 测量流程

让我们来认识一下 DS18B20 吧.

DS18B20 是 DALLAS 公司推出的可编程单总线数字温度传感器.具有以下主要特点：

只需要一根线就能完成传感器与单片机的连接；

温度测量范围－55 ℃～125 ℃；

供电电压 3.5 V～5 V；

温度测量结果可以编程设定为 9～12 位,分辨率可达到 0.0625 ℃.

此外,DS18B20 能实现单总线挂接多个 DS18B20 进行多点测温,能设定上下限报警温度等,但在我们的项目中将不涉及.

先看看 DS18B20 的模样吧.

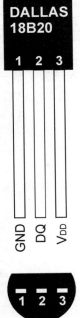

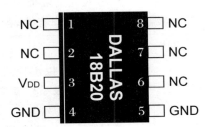

底视图

（a）TO-92 封装　　　　　　　　　　　（b）SOIC 封装

图 7-3　DS18B20 封装

DS18B20 的封装有 TO-92 和 SOIC 两种,我们常见的是 TO-92.

DS18B20 的引脚的功能见表 7-1.

表 7-1　DS18B20 引脚

引脚名	功能
VDD	电源
GND	地
DQ	I/O 数据线
NC	不连接

再到 DS18B20 的里边看看它的内部结构,如图 7-4 所示.

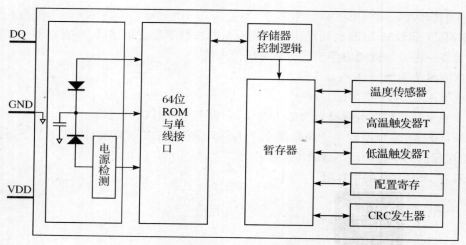

图 7-4 DS18B20 内部结构图

这些方框在 DS18B20 的工作中有什么作用呢?让我们深入进去了解一下:

64 位 ROM 里的信息就好像每一个 DS18B20 的身份证,可供主机识别.

TH、TL 可以通过程序写入上下限报警温度.

配置寄存器与温度转换的分辨率有关,各位定义如下:

TM	R1	R0	1	1	1	1	1

其中 TM 固定为 0,R1 和 R0 可以编程改写,用于设定分辨率,如表 7-2 所示.

表 7-2　温度分辨率配置

R1	R0	分辨率	最大转换时间
0	0	9-bit	93.75 ms
0	1	10-bit	187.5 ms
1	0	11-bit	375 ms
1	1	12-bit	750 ms

高速暂存器里共 9 个字节,分别保存 TH、TL、温度传感器、配置寄存器、CRC 的值,如表 7-3 所示.

表 7-3　暂存器结构

字节地址	内容
0	温度低字节(LSB)
1	温度高字节(MSB)
2	TH
3	TL
4	配置寄存器
5	保留
6	保留
7	保留
8	CRC

DS18B20 就像一个小孩,需要使用者发命令教它什么时候开始测量温度,什么时候将温度测量结果传送出来,传送几位的结果等等.那么,我们就来学一下怎样发命令给它.

2. 命令字的学习

要指挥 DS18B20 必须按照下面的顺序发出命令:

(1)初始化 DS18B20

初始化就是单片机发出复位脉冲,然后由 DS18B20 发出存在脉冲.

(2)ROM 操作命令

一根总线可以挂接多个 DS18B20,为保证操作正确,单片机(主机)对任何一个 DS18B20(从器件)必须先选定后操作.ROM 命令使主机可以了解挂在同一总线的器件数量和类型,选定一个器件进行操作,或寻找报警器件.所以,在对具体的一个 DS18B20 进行操作前必须先发出 ROM 命令确定要访问的从器件.

ROM 操作命令如表 7-4 所示.

表 7-4　ROM 命令

命令字	功能
F0H	搜索 ROM
33H	读 ROM
55H	匹配 ROM
CCH	跳过 ROM
ECH	报警搜索

小贴士

我们只使用一个 DS18B20,不存在多个器件冲突的问题,所以不必发出所有的命令,只发出"跳过 ROM"命令即可.

(3)DS18B20 工作命令

一旦主机选定了要访问的 DS18B20,就可以发出"DS18B20 工作命令"来读/写暂存器、启动温度转换、了解供电模式等.

DS18B20 工作命令如表 7-5 所示.

表 7-5　DS18B20 工作命令

命令字	功能	执行结果
44H	启动温度转换	DS18B20 将转换结果送到主机
BEH	读取暂存器	DS18B20 将暂存器的数据送到主机
4EH	写暂存器	主机将 3 个数据分别送到暂存器的 TH、TL、配置寄存器
48H	复制暂存器	
B8H	重调 E^2	将 E^2 中的 TH、TL、配置寄存器重新调入暂存器,DS18B20 将状态发到主机
B4H	读电源	DS18B20 将供电模式发到主机

小贴士

我们只使用"启动温度转换"和"读取暂存器"两个命令字.

3. DS18B20 时序

初始化,送 ROM 命令字和工作控制字都是通过唯一的 I/O 线.一根线要完成不同的工作,必须靠时序来区分.下面我们将学习初始化、读、写的时序.单片机必须按照时序的要求传递信号才能让 DS18B20 正常工作.

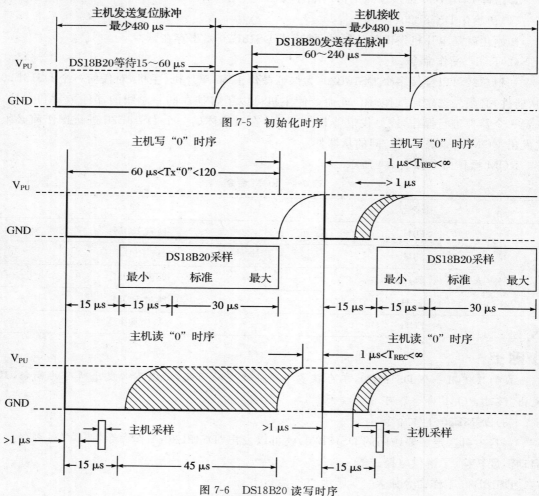

图 7-5   初始化时序

图 7-6   DS18B20 读写时序

★ 活动二   做一做

我们这次的任务是使用 DS18B20 测量环境温度,将使用主机模块和 DS18B20 模块,首先,我们将进行 DS18B20 模块的制作.

1. 制作 DS18B20 模块

请按照表 7-6 准备材料.

表 7-6   原材料清单

名称	型号/标称值	数量
温度传感器	DS18B20	1
万能板		1
接线插座/插孔		3

模块的制作很简单,将 DS18B20 焊接在万能板上,将三个插座分别与 VDD、GND、DQ
三个引脚连接起来即可.制作完成之后的面板如图 7-7 所示.

图 7-7　DS18B20 模块面板

2. 搭积木

接下来要做的工作就是将各个模块组合在一起.

先看 DS18B20 与主机的连接,如图 7-8 所示.

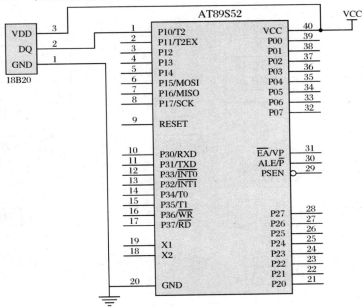

(a)DS18B20 与主机连接电路原理

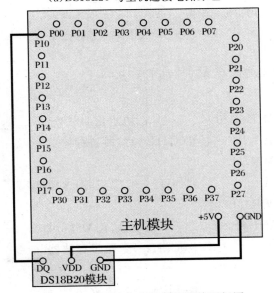

(b)DS18B20 模块与主机模块连接面板图

图 7-8　DS18B20 与主机的连接

3. DS18B20 测温流程图

单片机指挥 DS18B20 测量温度流程并不复杂,主要顺序是启动温度转换——读取转换结果,具体流程见图 7-9(a). 为了和后续任务配合,我们将温度转换流程做成子程序便于使用. 其中初始化、读、写 DS18B20 我们也用子程序来完成,图 7-9(b)~图 7-9(d)分别是按照图 7-5、图 7-6 时序编写的初始化、写、读 DS18B20 流程.

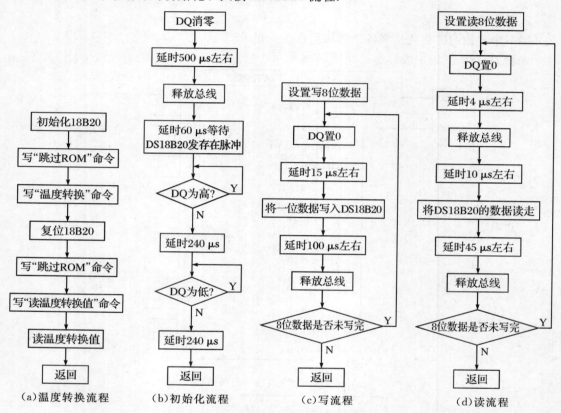

（a）温度转换流程　　（b）初始化流程　　（c）写流程　　（d）读流程

图 7-9　18B20 温度转换模块流程

4. 编写程序

分别按照各个流程编写的参考程序如下:

温度转换参考程序

```
CONVERT:LCALL   INI18B20            ;初始化 DS18B20
        MOV     A     ,#0CCH;写"跳过存储器"命令
        LCALL   WR18B20
        MOV     A     ,#44H  ;写"启动温度转换"命令
        LCALL   WR18B20
        LCALL   INI18B20            ;初始化 DS18B20
        MOV     A     ,#0CCH;写"跳过存储器"命令
        LCALL   WR18B20
        MOV     A     ,#0BEH;写"读暂存器"命令
        LCALL   WR18B20
```

```
        LCALL   RD18B20             ；读取转换结果低字节存入 TEMPL 单元
        MOV     TEMPL ，A
        LCALL   RD18B20             ；读取转换结果高字节存入 TEMPH 单元
        MOV     TEMPH ，A
        RET
```

初始化参考程序

```
INI18B20：CLR     DQ              ；DQ 就是单片机与 DS18B20 连接的 I/O 线 P1.1
        MOV     R7    ，＃250
        DJNZ    R7    ，             ；延时至少 480 μs
        SETB    DQ              ；释放总线
        JB      DQ    ，             ；等待存在脉冲
        MOV     R7    ，120
        DJNZ    R7    ，             ；延时 240 μs 左右
        JNB     DQ    ，             ；等待总线变高
        MOV     R7    ，＃120      ；延时 240 μs 左右
        DJNZ    R7    ，
        RET
```

写 DS18B20 参考程序

```
WR18B20：MOV     R6    ，＃8        ；设置写 8 位数据
K1：     CLR     DQ              ；总线拉低
        MOV     R7    ，＃5        ；延时 10 μs 左右
        DJNZ    R7    ，
        RRC     A               ；将 A 中数据移动一位到 C 中
        MOV     DQ    ，C          ；数据送到 18B20
        MOV     R7    ，＃50       ；延时 100 μs 左右等待数据写入
        DJNZ    R7    ，
        SETB    DQ              ；释放总线
        DJNZ    R6    ，K1         ；判断 8 位数据是否写完
        RET
```

读 DS18B20 参考程序

```
RD18B20：MOV     R6    ，＃8        ；设置写 8 位数据
        CLR     A
K2：     CLR     DQ              ；总线拉低
        NOP                     ；大于 1 μs 的延时
        NOP
        NOP
```

```
NOP
SETB    DQ                  ；释放总线
MOV     R7       ，♯5        ；延时等待数据送出
DJNZ    R7       ，
MOV     C        ，DQ        ；一位转换结果送到 C
RRC     A                   ；将 C 中数据移动一位到 A 中
MOV     R7       ，♯23       ；延时 46 μs 左右
DJNZ    R7       ，
SETB    DQ                  ；释放总线
DJNZ    R6       ，K2        ；判断 8 位数据是否读完
RET
```

 # 任务二　数字显示温度计

一、任务描述

1.情景导入

DS18B20 能完成温度的测量,但我们要在空调的显示屏上看见温度值还得借助于显示器.电器产品中常使用 LCD 和数码管显示屏.我们本次的任务是将 DS18B20 测量的温度使用数码管显示出来.

2.任务目标

通过本次任务的完成,学会 DS18B20 测量结果的二—十进制转换及与单片机、显示器的综合应用.

二、任务实施

★ 活动一　做一做

构造温度测量系统

数字显示的温度计必然要使用数码管模块.在图 7-9 的基础上将加入与主机模块连接起来.怎么连？就按照项目二任务二中图 2-16、图 2-18 中将数码管模块与主机模块连接起来.完成之后的面板图如图 7-10 所示.

整个系统的接线关系见表 7-7.

表 7-7　系统接线关系

主机模块	数码管模块	DS18B20 模块
P00~P07	a—~dp—	
P20~P26	L1+~L6+、CLK	
GND、+5 V	GND、+5 V	GND、+5 V
P10		DQ

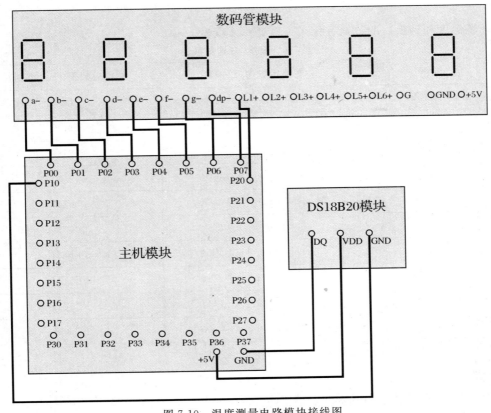

图 7-10 温度测量电路模块接线图

★ 活动二 学一学

1.分析系统流程

温度测量和数码管显示组合在一起,程序会很复杂吗? 别担心,很轻松! 整个系统工作流程很简洁,请看图 7-11 所示的流程图.

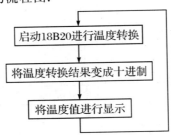

图 7-11 系统主流程

启动 DS18B20 进行温度转换的流程在任务一中已经完成,我们先学习怎样将 DS18B20 的转换结果变成我们熟悉的十进制.

DS18B20 的转换结果是以二进制的形式保存在暂存器中,温度值高低字节中内容如下:

LSB	2^3	2^2	2^1	2^0	2^{-1}	2^{-2}	2^{-3}	2^{-4}
MSB	S	S	S	S	S	2^6	2^5	2^4

环境温度和转换后的数据有什么关系呢？请看表 7-8.

表 7-8 温度/数据关系表

温度	转换后数据（二进制）	转换后数据（十六进制）
+125 ℃	0000 0111 1101 0000	07D0H
+85 ℃	0000 0101 0101 0000	0550H
+25.0625 ℃	0000 0001 1001 0001	0191H
+10.125 ℃	0000 0000 1010 0010	00A2H
+0.5 ℃	0000 0000 0000 1000	0008H
0 ℃	0000 0000 0000 0000	0000H
−0.5 ℃	1111 1111 1111 1000	FFF8H
−10.125 ℃	1111 1111 0101 1110	FF5EH
−25.0625 ℃	1111 1110 0110 1111	FE6FH
−55 ℃	1111 1100 1001 0000	FC90H

观察上述内容,你有什么发现吗?

小贴士

LSB 中的 D3 位为"1",代表"0.5 ℃";D1 位为"1",代表"0.125 ℃"…

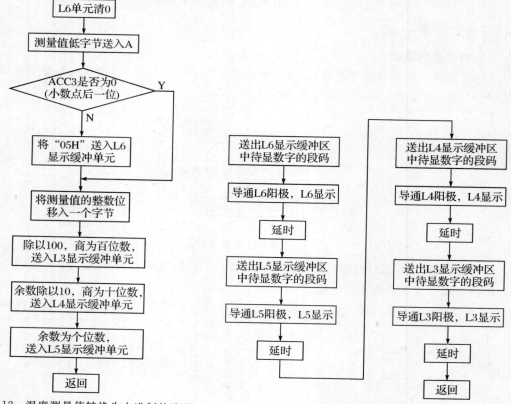

图 7-12 温度测量值转换为十进制的流程   图 7-13 显示流程

转换结果中 $2^6 \sim 2^0$ 上的数转换成十进制恰好就是它的温度值整数,例如,+25.0625 ℃ 的转换结果"0000000110010001"中"0011001"转换成十进制数就是"25".

由此可以绘制出将温度转换结果变成十进制的流程.为了简单,我们的温度只保留小数点后一位.十进制的温度值由四位数码管显示,对应关系如表7-9所示.

表 7-9 显示温度值与数码管对应关系

显示内容	百位	十位	个位	小数点后一位
数码管	L3	L4	L5	L6

最后来说说显示流程.在项目二中我们学习了动态显示,这回我们又要用上它了.图7-13 就是显示流程.

2. 编写程序

按照图图 7-11 写出的系统主程序如下:

参考程序

```
          DQ      EQU       P1.0
          CLK     EQU       P2.6
          L3      EQU       30H
          L4      EQU       31H
          L5      EQU       32H
          L6      EQU       33H
          ORG     0000H
          AJMP    MAIN
          ORG     0030H
MAIN：    LCALL   CONVERT       ;   启动温度转换
          LCALL   BCD           ;   转换结果进行二—十进制转换
          LCALL   DISPLAY       ;   显示温度值
          LJMP    MAIN
```

温度转换程序在任务一中已经完成.

根据图 7-12 写出的二—十进制转换程序如下.

参考程序

```
BCD：   MOV    L6    ，  ＃00H  ;   小数点后一位清0
        MOV    A     ，  TEMPL
        JNB    ACC.3 ，  K3
        MOV    L6    ，  ＃05H  ;   0.5 ℃送到L6中
K3：    ANL    A     ，  ＃0F0H ;   将转换结果拼凑成一个字节
        MOV    R0    ，  A
        MOV    A     ，  TEMPH
        ANL    A     ，  ＃0FH
        ORL    A     ，  R0
```

```
SWAP    A
MOV     B       ,   #100    ;   求出百位数送到 L3 单元
DIV     AB
MOV     L3      ,   A
MOV     A       ,   B
MOV     B       ,   #10     ;   求出十位数送到 L4 单元
DIV     AB
MOV     L4      ,   A
MOV     L5      ,   B
        RET
```

★ 活动三　练一练

1. 完善程序

参考项目二任务二中动态显示的程序编写出图 7-13 的显示子程序,并将整个系统程序输入计算机.

2. 调试系统

调试运行温度测量系统,用手捏 DS18B20,观察手捏前后显示现象的变化.

★ 活动四　技能训练

(1)改变单片机的 I/O 与 DS18B20 的 DQ 引脚相连,测量并显示温度值.

(2)将温度值由数码管的 L1～L4 进行显示.

记录表

技能训练 1 记录表

硬件连接图	
控制程序	
调试结果	

技能训练 2 记录表

硬件连接图	
控制程序	
调试结果	

知识驿站

1. 我们学到的新知识点

（1）新型传感器 DS18B20

与传统的传感器相比，DS18B20 将温度直接转换成为数字信号，减少了中间元件，具有成本低、可靠性高、抗干扰能力强的特点.

（2）"单总线"的概念

单总线技术是美国达拉斯公司推出的新技术，将数据线、控制线、地址线合为一根线，按照严格的时序传送信息就能实现与计算机的通信.

2. 我们学到的新方法

在项目中我们学习了单总线结构元件的使用

（1）单总线元件使用基本方法

单总线总线的使用基本顺序如下：

初始化—发 ROM 命令—发 RAM 命令

（2）单总线元件命令字的使用

单总线元件所有信息均通过一根线传递，命令字和时序显得特别重要. 不同的命令字代表不同的操作，而在传递时必须按照特定时序操作才能保证信息的写入和读出. 因此，在实际工程涉及单总线元件使用时一定要仔细阅读元件手册，搞清命令字的功能和时序要求.

3. 我们学到的新技能

（1）通过 DS18B20 的使用，我们初步学会了单总线元件的使用方法.

（2）使用了 DS18B20 和数码管模块，提高了各模块的综合应用能力.

思考与练习

1. DS18B20 与热电偶的使用相比的优点是＿＿＿＿＿＿＿＿＿＿＿＿＿＿＿＿．（5 分）

2. 本项目中的程序里只发出"跳过 ROM"一个 ROM 命令的原因是＿＿＿＿＿＿＿＿＿＿＿＿＿＿＿＿＿＿＿＿＿＿＿＿＿＿＿＿＿＿＿＿＿＿．（5 分）

3. DS18B20 的转换结果中，LSB 的 D2 为为"1"表示的温度是＿＿＿＿＿＿．（5 分）

4. DS18B20 的转换结果中为 0000 00011011 1000 表示的温度是＿＿＿＿＿＿．（5 分）

项目七学习评价表

学生姓名			日期		

理论知识(20 分)				师评	

技能操作(60 分)　师评

序号	评价内容	技能考核要求	任务评价	
1	项目参考程序调试	(1)完成模块制作并实现与主机连接；(2)能完成"练一练"并得到正确效果。	完成任务情况：	
			任务得分：	
2	改变 DQ 与单片机接口	能完成"技能训练"任务	完成任务情况：	
			任务得分：	
3	改变显示模块显示位		完成任务情况：	
			任务得分：	

学生专业素养(20 分)

序号	评价内容	专业素养评价标准	自评	互评	师评
1	技能操作规范性(10 分)	遵守用电规范 正确使用仪器、设备 操作场所清洁好			
2	基本素养(10 分)	参与度好，团队协作好 纪律好 无迟到、早退			

综合评价	

单片机原理与实训

146

* 项目八 串行通信

本项目将学习使用单片机的串行通信接口,在理论学习的基础上将制作银行排队器.

本项目学习目标

项目知识目标

知道串行通信的概念,能区别并行与串行的不同,掌握串行口的初始化.

项目技能目标

能应用串行接口传递信息.

任务一 单片机串行通信

一、任务描述

1. 情景导入

目前单片机与设备之间的信息主要依靠信号线进行传递.当设备与主机的距离较远时,信号线的成本较高,采用串行通信的方式能很好解决这一问题.我们将在本次任务中了解串行通信并试着使用它.

2. 任务目标

通过本次任务的完成,掌握串行通信的意义,掌握它的基本使用.

二、任务实施

★ 活动一 学一学

1. 认识串行通信

什么是串行通信? 这是我们首先应该知道的.计算机与设备之间传递数据有并行与串行之分,区别在于传送信息时的方式.见图8-1.

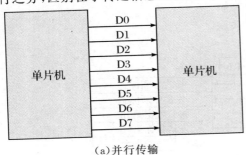

(a)并行传输

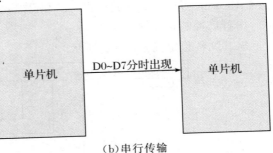

(b)串行传输

图 8-1 串、并比较

以 8 位二进制数据的输出为例,在并行传输方式下,单片机提供 8 根 I/O 线,同时输出数据的 D0~D7;在串行传输方式下,单片机只提供 1 根 I/O 线,分时输出数据的 D0~D7.由此可见,并行传输的速度高于串行传输,但信号线成本高,而串行传输的成本较低.由于计算机速度的提高,在设备与主机有一定距离的情况下建议使用串行传输.

2. 认识 AT89S52 单片机的串行接口

AT89S52 采用 P3.0 复用为串行接收引脚,用于接收对方发来的一位数据,P3.1 复用为串行发送引脚,用于向对方发送的一位数据.

（1）异步通信

串行通信分同步通信和异步通信,AT89S52 采用异步通信.常用波特率来衡量串行传输的速率,表示 1 秒中串行传输的二进制数据的位数,1 波特＝1 位/秒（bps）.

异步串行通信时,为保证数据传输的正确,发送和接受双方对于数据的格式必须有约定.图 8-2 就是异步通信传输 1 字节二进制数的格式.

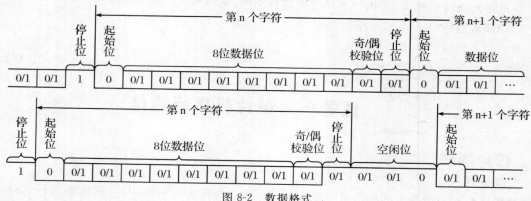

图 8-2　数据格式

没有数据传送时处于"1"状态；

发送端发送数据时,首先发出"0"（起始位）,接收端检测到"0",就准备接收数据；

紧接着开始传送数据位,低位在前；

奇偶校验位用于数据检错；

停止位是高电平,表示数据已经传送完；

空闲时线路保持为"1".

（2）串行通信的控制

AT89S52 有若干控制寄存器可以控制串行口的工作,我们来认识一下.

串行口缓冲寄存器 SBUF

SBUF 的功能用于存放即将发送和已经接收的数据.

串行口控制寄存器 SCON

SCON 各位定义如图 8-3 所示.

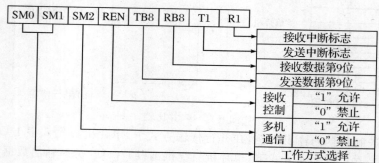

图 8-3　SCON 各位定义

SM0、SM1 的控制功能如表 8-1 所示.

表 8-1　工作方式控制

SM0 SM1 SM1	工作方式	说　明	波特率
0　0	方式 0	同步移位寄存器	fosc/12
0　1	方式 1	10 位异步收发	由定时器控制
1　0	方式 2	11 位异步收发	fosc/32 或 fosc/64
1　1	方式 3	11 位异步收发	由定时器控制

小贴士

fosc 为单片机的晶振频率.

电源控制寄存器 PCON

数据位	D7	D6	D5	D4	D3	D2	D1	D0
名称	SMOD							

SMOD 是串行口波特率倍增位. SMOD 为 1 时,串行口工作方式 1、方式 2、方式 3 的波特率加倍.

3. 认识串行口工作方式

(1)方式 0

方式 0 为同步移位寄存器输入/输出方式,以固定的波特率发送/接收数据. 此时,通过 RXD 输入/输出串行数据,TXD 则用于输出移位时钟脉冲.

(2)方式 1

方式 1 为 10 位的异步通信接口,数据包含起始位"0",8 位数据位,停止位"1". 其中起始位和停止位是在发送时自动插入的. TXD 端发送数据,RXD 端接收数据. 在接收数据前 SCON 的 REN 位必须置"1".

方式 1 的波特率是可变的,可由公式 8-1 计算得到:

$$波特率 = \frac{2^{SMOD}}{32} \frac{f_{OSC}}{12} \left(\frac{1}{2^k - X} \right) \tag{8-1}$$

式中：X 为定时器 T1 计数初值

　　　K 为 T1 计数器的位数(13、16、8)

(3)方式 2、方式 3

方式 2 和方式 3 都是 11 位异步接收/发送,数据可插入附加的第 9 位数据(可用做奇偶校验). 发送时,第 9 位数据为 SCON 中的 TB8,接收数据时,第 9 位数据被装入 RB8.

同方式 1,接收前,SCON 中的 REN 必须置"1".

方式 2 的波特率由公式 8-2 获得:

$$波特率 = f_{OSC} \times \frac{2^{SMOD}}{64} \tag{8-2}$$

方式 3 的波特率与方式 1 相同.

★ 活动二　做一做

现在我们将在两个单片机之间用串行的方式通信,将 U1 的开关信息发送到 U2 控制 LED 的亮灭.

1.搭建硬件平台

无需添加任何的设备,只要两个组将主机模块连接起来,再使用指令模块和LED模块. 注意双方的 RXD 和 TXD 交叉连接.

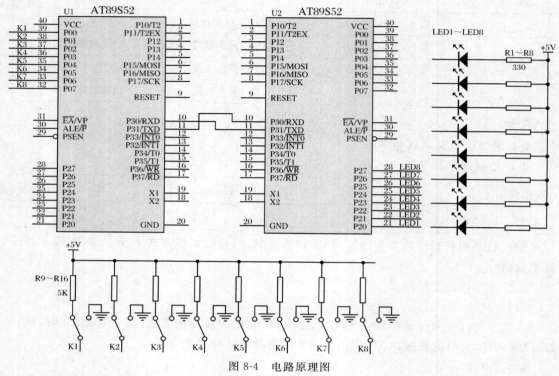

图 8-4　电路原理图

2.编写程序

(1)首先分析流程

U1 处于发送状态,U2 处于接收状态.

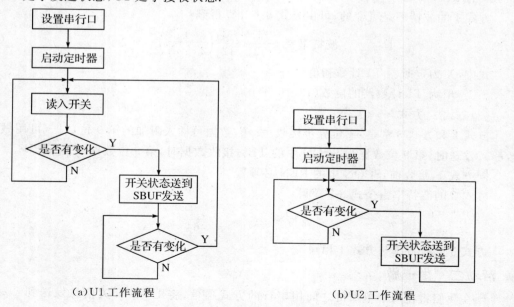

(a)U1 工作流程　　　　　　　　　　(b)U2 工作流程

图 8-5　流程图

（2）编写程序

U1 参考程序

```
          ORG 000H
          AJMP MAIN
          ORG 0030H
MAIN：  MOV      SCON    ，#50H          ；串口方式1
          MOV      TMOD    ，#20H          ；设置波特率2400
          MOV      TH1     ，#0E6H
          MOV      TL1     ，#0E6H
          SETB     TR1
          MOV      P0      ，#0FFH
          MOV      60H     ，P0
AGAIN1：MOV      A       ，P0
          CJNE     A       ，60H      ，SEND ；开关状态位改变则重新读入
          LJMP     AGAIN1
SEND：  MOV      60H     ，A
          MOV      SBUF    ，A            ；将开关状态送入SBUF发送
AGAIN2：JBC      TI      ，AGAIN1        ；发送完清除标志并准备下一次发送
          LJMP     AGAIN2
          END
```

U2 参考程序

```
          ORG 000H
          AJMP MAIN
          ORG 0030H
MAIN：  MOV      SCON    ，#50H
          MOV      TMOD    ，#20H
          MOV      TH1     ，#0E6H
          MOV      TL1     ，#0E6H
          SETB     TR1
AGAIN： JBC      RI      ，REC          ；接收完清除标志并准备输出显示
          LJMP     AGAIN
REC：   MOV      A       ，SBUF
          MOV      P2      ，A
          LJMP     AGAIN
          END
```

★ 活动三 技能训练

两组配合，完成程序的调试.

(2)编写程序

U1 参考程序

```
        ORG 000H
        AJMP MAIN
        ORG 0030H
MAIN：  MOV      SCON   ，＃50H          ；串口方式 1
        MOV      TMOD   ，＃20H          ；设置波特率 2400
        MOV      TH1    ，＃0E6H
        MOV      TL1    ，＃0E6H
        SETB     TR1
        MOV      P0     ，＃0FFH
        MOV      60H    ，P0
AGAIN1：MOV      A      ，P0
        CJNE     A      ，60H    ，SEND ；开关状态位改变则重新读入
        LJMP     AGAIN1
SEND：  MOV      60H    ，A
        MOV      SBUF   ，A              ；将开关状态送入 SBUF 发送
AGAIN2：JBC      TI     ，AGAIN1         ；发送完清除标志并准备下一次发送
        LJMP     AGAIN2
        END
```

U2 参考程序

```
        ORG 000H
        AJMP MAIN
        ORG 0030H
MAIN：  MOV      SCON   ，   ＃50H
        MOV      TMOD   ，   ＃20H
        MOV      TH1    ，   ＃0E6H
        MOV      TL1    ，   ＃0E6H
        SETB     TR1
AGAIN： JBC      RI     ，   REC          ； 接收完清除标志并准备输出显示
        LJMP     AGAIN
REC：   MOV      A      ，   SBUF
        MOV      P2     ，   A
        LJMP     AGAIN
        END
```

★ 活动三 技能训练

两组配合,完成程序的调试.

记录表

技能训练记录表

硬件连接图	
控制程序	
调试结果	

任务二 自动排队机

一、任务描述

1. 情景引入

由于串行接口在硬件连接上的简便经济,在远程控制中使用越来越多.很多人在电信营业厅办理业务时有过这样的经历:取号码,然后等待显示屏幕出现自己的号就可以办理业务.我们本次的任务就是制作一个简易的自动排队机,同样需要两个组进行配合,一组模仿工作人员进行按键操作,一组模仿顾客根据显示器显示的号码确定是否轮到自己办理业务.

2. 任务目标

通过本次任务,能使用串行接口完成数据的串行串行传输,并体会到串行、并行的区别.

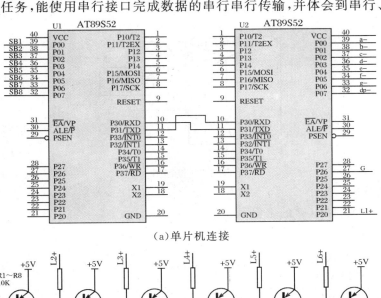

(a)单片机连接

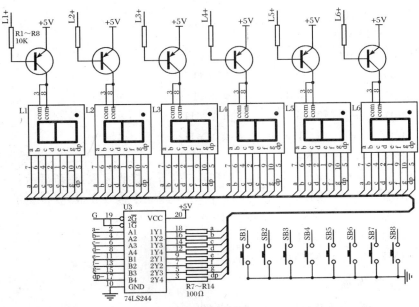

(b)显示与键盘

图 8-6　电路原理图

二、任务实施

★ 活动一　搭建硬件平台

首先按照图 8-6 搭建硬件平台. 将使用两个组的主机模块和指令模块、LED 数码管模块.

★ 活动二　编写程序

(1)编写流程图

U1 模拟操作人员,处于发送状态,U2 处于接收状态.

U1 的工作流程与任务一相同. U2 的工作流程如图 8-7 所示.

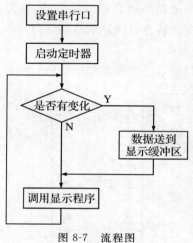

图 8-7　流程图

(2)编写程序

根据流程图,编写出 U2 的主程序.

U2 参考程序

```
            ORG 000H
            AJMP MAIN
            ORG 0030H
MAIN:   MOV      SCON    ,  #50H
        MOV      TMOD    ,  #20H
        MOV      TH1     ,  #0E6H
        MOV      TL1     ,  #0E6H
        SETB     TR1
AGAIN:  JBC      RI      ,  UPD     ;  接收完成,更新显示
        LJMP     DIS              ;  未接收完成,直接显示
UPD:    MOV      A       ,  SBUF
DIS:    LCALL    DISPLAY
        LJMP     AGAIN
```

★ 活动三　技能训练

完成电路的连接,完善程序并上机进行调试.

记录表

技能训练记录表

硬件连接图	
控制程序	
调试结果	

知识驿站

1. 我们学到的新知识点

(1)串行传输的概念

通过对并行与串行的对比,理解了串行的概念,知道了串行传输与并行相比优势在于线路简单、成本经济.

(2)MCS-51 单片机的串行口

我们以 AT89S52 为模板学习了 MCS-51 单片机串行口的使用.

(3)新指令

JBC   bit   ,   rel   ; 为"1"转移,并将该位清"0"

2. 我们学到的新技能

我们掌握了与前面项目不同的数据传输方式——串行并利用串行方式模拟了生活中常见的排队器的工作.

思考与练习

1. MCS-51 单片机串行传输的数据格式是什么样的?(5分)

2. MCS-51 单片机串行口有哪几种工作方式?(5分)

3. 怎样确定波特率?(5分)

4. 编写实现以下功能的程序段:

单片机 fosc 为 12 MHz,串行口工作于方式 3,波特率为 1200 b/s.

单片机原理与实训

项目八学习评价表

学生姓名			日期		

理论知识(20 分)			师评		

技能操作(60 分)			师评		
序号	评价内容	技能考核要求	任务评价		
1	串行通信基本应用	(1)完成模块制作并实现与主机连接；(2)能完成"技能训练"任务。	完成任务情况： 任务得分：		
2	自动排队机		完成任务情况： 任务得分：		

学生专业素养(20 分)			自评	互评	师评
序号	评价内容	专业素养评价标准			
1	技能操作规范性(10 分)	遵守用电规范 正确使用仪器、设备 操作场所清洁好			
2	基本素养(10 分)	参与度好，团队协作好 纪律好 无迟到、早退			
综合评价					

附录 1　AT89S52 特殊功能存储器

0F8H							0FFH
0F0H	B 00000000						0F7H
0E8H							0EFH
0E0H	ACC 00000000						0E7H
0D8H							0DFH
0D0H	PSW 00000000						0D7H
0C8H	T2CON 00000000	T2MOD XXXXXX00	RCAP2L 00000000	RCAP2H 00000000	TL2 00000000	TH2 00000000	0CFH
0C0H							0C7H
0B8H	IP XX000000						0BFH
0B0H	P3 11111111						0B7H
0A8H	IE 0X000000						0AFH
0A0H	P2 11111111		AUXR1 XXXXXXX0			WDTRST XXXXXXXX	0A7H
98H	SCON 00000000	SBUF XXXXXXXX					9FH
90H	P1 11111111						97H
88H	TCON 00000000	TMOD 00000000	TL0 00000000	TL1 00000000	TH0 00000000	TH1 00000000	AUXR XXX00XX0	8FH
80H	P0 11111111	SP 00000111	DP0L 00000000	DP0H 00000000	DP1L 00000000	DP1H 00000000		PCON 0XXX0000	87H

阅读帮助:

能被 8 整除的特殊功能寄存器均可以位寻址.

表格中的数据为单片机复位后的值.

附录 2　MCS-51 单片机指令表

指令助记符	功能	周期
MOV A,data	#data→A	1
MOV direct,#data	#data→(direct)	2
MOV Rn,#data	#data→Rn	1
MOV @Ri,#data	#data→((Ri))	1
MOV DPTR,#data16	#data→DPTR	2
MOV A,direct	(direct)→A	1
MOV direct,A	(A)→(direct)	1
MOV Rn,direct	(direct)→Rn	2
MOV @Ri,direct	(direct)→((Ri))	2
MOV direct1,direct2	(direct2)→(direct1)	2
MOV A,Rn	(Rn)→A	1
MOV direct,Rn	(Rn)→(direct)	2
MOV Rn,A	(A)→Rn	1
MOV A,@Ri	((Ri))→A	1
MOV direct,@Ri	((Ri))→(direct)	2
MOV @Ri,A	(A)→((Ri))	1
XCH A,Rn	(A)←→(Rn)	1
XCH A,direct	(A)←→(direct)	2
XCH A,@Ri	(A)←→((Ri))	1
XCHD A,@Ri	$(A)_{0-3}$←→$((Ri))_{0-3}$	1
PUSH direct	(direct)→堆栈	2
POP direct	堆栈顶内容→(direct)	2
MOVX A,@DPTR	将 DPTR 所代表的外部数据存储器或 I/O 中的数据传送（读）至单片机的 A 中	2
MOVX @DPTR,A	将单片机的 A 中的数据传送（写）至 DPTR 所代表的外部数据存储器或 I/O 中	2

指令助记符	功能	周期
MOVX A,@Ri	将 Ri 所代表的外部数据存储器或 I/O 中的数据传送(读)至单片机的 A 中	2
MOVX @Ri,A	将单片机的 A 中的数据传送(写)至 Ri 所代表的外部数据存储器或 I/O 中	2
MOVC A,@A+DPTR	将 A+DPTR 所代表的程序存储器单元中的表格数据取到 A 中	2
MOVC A,@A+PC	将 A+PC 所代表的程序存储器单元中的表格数据取到 A 中	2
ANL A,Rn	(A) ∧ (Rn)→A	1
ANL A,direct	(A) ∧ (direct)→A	1
ANL A,@Ri	(A) ∧ ((Ri))→A	1
ANL A,#data	(A) ∧ data→A	1
ANL direct,A	(direct) ∧ (A)→direct	1
ANL direct,#data	(direct) ∧ data→A	2
ORL A,Rn	(A) ∨ (Rn)→A	1
ORL A,direct	(A) ∨ (direct)→A	1
ORL A,@Ri	(A) ∨ ((Ri))→A	1
ORL A,#data	(Á) ∨ data→A	1
ORL direct,A	(direct) ∨ (A)→direct	1
ORL direct,#data	(direct) ∨ data→A	2
XRL A,Rn	(A) ⊕ (Rn)→A	1
XRL A,direct	(A) ⊕ (direct)→A	1
XRL A,@Ri	(A) ⊕ ((Ri))→A	1
XRL A,#data	(A) ⊕ data→A	1
XRL direct,A	(direct) ⊕ (A)→direct	1
XRL direct,#data	(direct) ⊕ data→A	2
CLR A	0→A	1
CPL A	/(A)→A	1
RL A	A 中数据左移 1 位	1
RR A	A 中数据右移 1 位	1
RLC	A 与 Cy 中数据左移 1 位	1
		1

指令助记符	功能	周期
RRC A	A 与 Cy 中数据右移 1 位	1
SWAP A	A 中数据高低四位交换	1
ADD A,Rn	$(A)+(Rn)\rightarrow A$,有进位,Cy=1,无进位,Cy=0	1
ADD A,direct	$(A)+(direct)\rightarrow A$,有进位,Cy=1,无进位,Cy=0	1
ADD A,@Ri	$(A)+((Ri))\rightarrow A$,有进位,Cy=1,无进位,Cy=0	1
ADD A,#data	$(A)+data\rightarrow A$,有进位,Cy=1,无进位,Cy=0	1
ADDC A,Rn	$(A)+(Rn)+(Cy)_{前}\rightarrow A$,有进位,Cy=1,无进位,Cy=0	1
ADDC A,direct	$(A)+(direct)+\rightarrow A$,有进位,Cy=1,无进位,Cy=0	1
ADDC A,@Ri	$(A)+((Ri))+(Cy)_{前}\rightarrow A$,有进位,Cy=1,无进位,Cy=0	1
ADDC A,#data	$(A)+(data)+(Cy)_{前}\rightarrow A$,有进位,Cy=1,无进位,Cy=0	1
INC A	$(A)+1\rightarrow A$	1
INC Rn	$(Rn)+1\rightarrow Rn$	1
INC direct	$(direct)+1\rightarrow direct$	1
INC @Ri	$((Ri))+1\rightarrow(Ri)$	1
INC DPTR	$(DPTR)+1\rightarrow DPTR$	1
SUBB A,Rn	$(A)-(Rn)-(Cy)_{前}\rightarrow A$,有借位,Cy=1,无借位,Cy=0	1
SUBB A,direct	$(A)-(direct)-(Cy)_{前}\rightarrow A$,有借位,Cy=1,无借位,Cy=0	1
SUBB A,@Ri	$(A)-((Ri))-(Cy)_{前}\rightarrow A$,有借位,Cy=1,无借位,Cy=0	1
SUBB A,#data	$(A)-(data)-(Cy)_{前}\rightarrow A$,有借位,Cy=1,无借位,Cy=0	1
DEC A	$(A)-1\rightarrow A$	1
DEC Rn	$(Rn)-1\rightarrow Rn$	1
DEC direct	$(direct)-1\rightarrow direct$	1
DEC @Ri	$((Ri))-1\rightarrow(Ri)$	1
MUL AB	$(A)*(B)\rightarrow BA$	4
DIV AB	$(A)/(B)\rightarrow A(商)\cdots B(余数)$	4
DA A	十进制调整指令	1
LIMP addr16	计算机转移到 addr16 所指出的地址执行程序	1
AJMP addr11	计算机转移到 addr11 所指出的地址执行程序	2

指令助记符	功能	周期
SJMP rel	计算机转移到 rel 所指出的地址执行程序	2
JMP @A+DPTR	计算机转移到 A+DPTR 所指出的地址执行程序	2
JZ rel	若(A)=0,则计算机转移到 rel 指定的地址执行程序,若(A)≠0,则计算机顺序向下执行程序	2
JNZ rel	若(A)≠0,则计算机转移到 rel 指定的地址执行程序,若(A)=0,则计算机顺序向下执行程序	2
CJNE A,♯data,rel	(A)与数据 data 不相等就转移到 rel 指定的地址执行程序,相等则顺序向下执行程序	2
CJNE A,direct,rel	(A)与 direct 单元的数据不相等就转移到 rel 指定的地址执行程序,相等则顺序向下执行程序	2
CJNE Rn,♯data,rel	(Rn)与数据 data 不相等就转移到 rel 指定的地址执行程序,相等则顺序向下执行程序	2
CJNE @Ri,♯data,rel	((Ri))与数据 data 不相等就转移到 rel 指定的地址执行程序,相等则顺序向下执行程序	2
DJNZ Rn,rel	(Rn)−1 若不等于 0,程序转移到 rel 指定的地址执行程序,若结果为 0,程序顺序执行	2
DJNZ direct,rel	(diret)−1 若不等于 0,程序转移到 rel 指定的地址执行程序,若结果为 0,程序顺序执行	2
LCALL addr16	调用 addr16 所代表的子程序	2
ACALL addr11	调用 addr11 所代表的子程序	2
RET	使子程序返回主程序,并从断点处继续执行	2
RETI	使中断服务子程序返回主程序,并从断点处继续执行	2
NOP	不执行操作,只消耗时间	1
MOV C,bit	(bit)→Cy	2
MOV bit,C	(Cy)→bit	1
CLR C	0→Cy	1
CLR bit	0→bit	1
SETB C	1→Cy	1
SETB bit	1→bit	1
ANL C,bit	(Cy)∧(bit)→Cy	2
ANL C,/bit	(Cy)∧/(bit)→Cy	2
ORL C,bit	(Cy)∨(bit)→Cy	2
ORL C,/bit	(Cy)∨/(bit)→Cy	2

指令助记符	功能	周期
CPL C	/(Cy)→Cy	1
CPL bit	/(bit)→bit	1
JC rel	若(Cy)=1,则计算机转移到 rel 指定的地址执行程序,若(Cy)≠1,则计算机顺序向下执行程序	2
JNC rel	若(Cy)=0,则计算机转移到 rel 指定的地址执行程序,若(Cy)≠0,则计算机顺序	2
JB bit,rel	若(bit)=1,则计算机转移到 rel 指定的地址执行程序,若(bit)≠1,则计算机顺序向下执行程序	2
JNB bit,rel	若(bit)=0,则计算机转移到 rel 指定的地址执行程序,若(bit)≠0,则计算机顺序向下执行程序	2
JBC bit,rel	若(bit)=1,则计算机转移到 rel 指定的地址执行程序,并将该位内容清零,若(bit)≠1,则计算机顺序向下执行程序	2

阅读帮助一　51 汇编语言指令格式

51 汇编语言指令主要由操作码和操作数组成.指令格式如下:

标号:操作码[操作数 1],[操作数 2];注释

标号——说明指令存放于程序存储器的哪个单元.标号由字母打头的 1~8 个字母数字串组成,但指令操作符、寄存器名、伪指令等都不能作标号使用,一条指令可以可以根据需要有标号,也可以没有标号,标号后面必须跟冒号.

例如:START:,LOOP:,TAB-1:,SUB-ADD:等均为正确的标号;3B:,B+C:(不能用"+"),END:等均为不正确的标号.

操作码——说明指令的功能.

操作数——说明参与操作的数据.

注释——指令功能的文字解释.

其中,操作码和操作数是书写指令时必需的,而标号和注释可根据需要选择.

例如:

LOOP:MOV　A, 00H;将数据 00H 传送至 A 中

阅读帮助二　指令寻址方式

寻址是寻找参加运算的操作数的地址,在 MCS-51 中的寻址不是单一的,共有 7 种可能的寻址,统称为寻址方式.指令在执行过程中,首先应根据指令提供的寻址方式,找到参加操作的操作数,将操作数运算,而后将操作结果送到指令指定的地址去.因此了解寻址方式是正确理解和使用指令的前提.

1.立即寻址

在指令的操作数位置直接给出参加运算的数据,称为立即数.符号为 ♯data 代表 8 位二进制数 00H~FFH,但指令系统中有一条立即数为 16 位(♯data16)的指令.

2.直接寻址

在指令的操作数位置直接给出参加操作的数据所在的内部数据存储器的单元地址.符号为 direct,代表内部数据存储器单元地址 00H~FFH.

3. 寄存器寻址

在指令的操作数位置给出的是数据所在的寄存器的名称,寄存器的内容就是数据.符号为 Rn,代表寄存器 R0～R7.

4. 寄存器间接寻址

在指令的操作数位置直接给出数据地址所在的寄存器,即寄存器的内容为数据的地址,该地址所在单元的内容为操作数.符号为@Ri,代表寄存器 R0 或 R1.

5. 变址寻址

变址寻址是以程序计数器 PC 或数据指针 DPTR 为基址寄存器,以累加器 A 为变址寄存器,将二者内容相加形成的十六位地址作为操作数地址,如@A+DPTP.

6. 相对寻址

相对寻址方式是为了实现程序的相对转移而设计的,为相对转移指令所采用.符号为 rel.

7. 位寻址

在指令的操作数位置指出对某单元的某一位数据进行操作,不影响其他位.符号为 bit,代表内部数据存储器位寻址区单元的指定位数据.

阅读帮助三　功能说明

(X)表示 X 单元中的数据.

((Ri))表示 Ri 间接寻址单元中的数据.

→表示数据传送方向.

∧表示"与".

∨表示"或".

⊕表示"异或".

主要参考文献

［1］杨欣，王玉凤，刘湘黔.51 单片机应用从零开始.1 版［M］.北京：清华大学出版社，2008.

［2］马彪.单片机应用技术.1 版［M］.上海：同济大学出版社，2009.

［3］杨宁，胡学军.单片机与控制技术.1 版［M］.北京：北京航空航天大学出版社，2005.

［4］彭伟.单片机 C 语言程序设计实训 100 例.1 版［M］.北京：电子工业出版社，2009.

［5］王晓明.电动机的单片机控制.1 版［M］.北京：北京航空航天大学出版社，2002.

［6］8-bit Microcontroller with 8K Bytes In-System Programmable Flash AT89S52，Atmel Corp. ，2001.

［7］AT89ISP Programmer Cable，Atmel Corp. ，2002.

［8］8-bit Microcontroller with 8K Bytes In-System Programmable Flash AT89S52，Atmel Corp. ，2001.

［9］DS18B20 Programmable Resolution 1-Wire® Digital Thermometer，DALLAS Semi. .